KB037756

인공지능 아는 척하기

인공지능의 철학 이론부터 과학 원리와 실제까지 한눈에 읽다!

헨리 브라이튼 지음
하워드 셀리나 그림
정용찬 옮김

INTRODUCING
ARTIFICIAL
INTELLIGENCE

인공지능 아는 척하기

인공지능의 철학 이론부터 과학 원리와 실제까지 한눈에 읽다!

목차

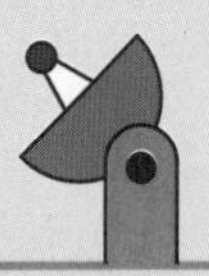

인공지능

지난 반세기 동안 지능형 기계의 구현, 즉 인공지능을 만들기 위한 연구가 치열하게 진행되어왔다. 그 결과 최고의 체스 선수들을 이길 수 있는 컴퓨터와, 새로운 환경에 적응이 가능하고 사람들과 교류할 수 있는 휴머노이드 로봇[1]을 개발하게 되었다.

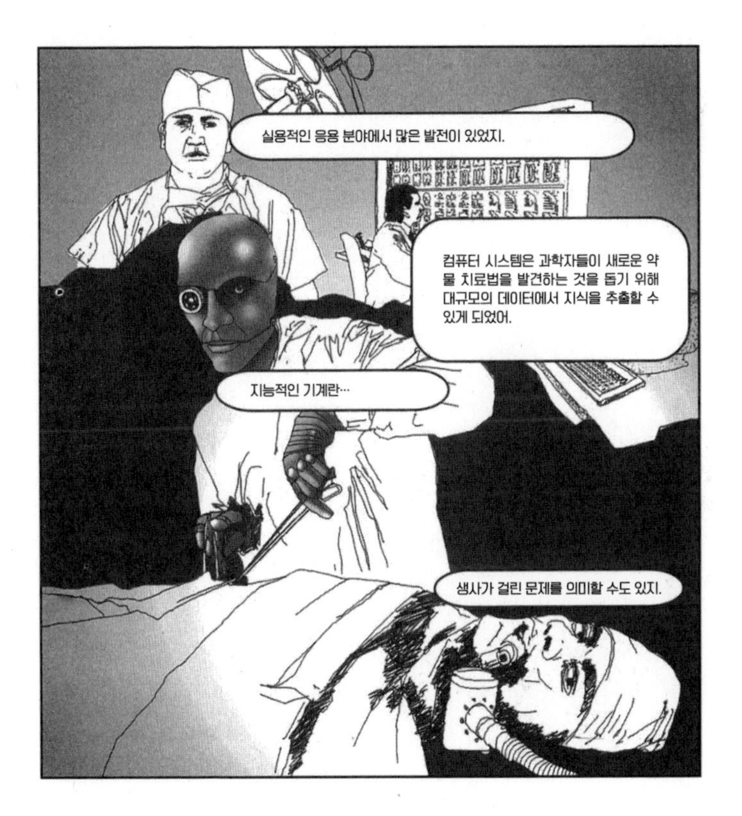

공항에는 폭발물을 찾기 위해 수화물의 냄새를 감지하는 컴퓨터 시스템이 설치되어 있다. 군사 장비 또한 점점 더 지능형 기계에 관한 연구에 의존하게 되었다. 미사일은 이제 머신 비전 시스템[2]의 도움으로 목표를 찾는다.

인공지능 문제의 정의

인공지능에 대한 연구는 공학 프로젝트를 성공적으로 이끌어냈다. 그러나 더욱 중요한 것은 인공지능이 공학용 응용 프로그램 이상으로 확장되는 문제를 제기한다는 점이다.

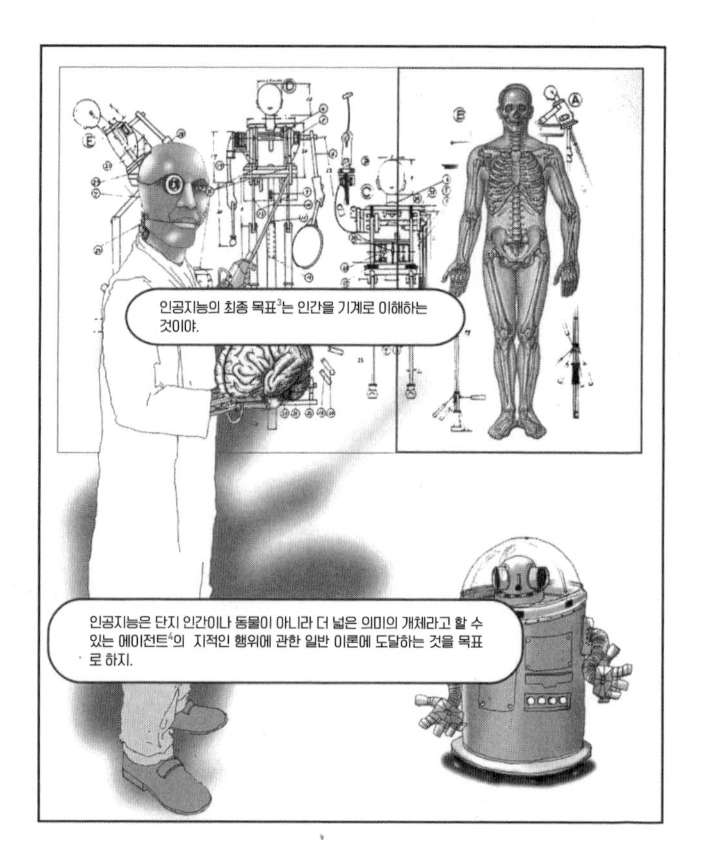

에이전트의 능력은 현재 우리가 상상할 수 있는 능력 이상으로 확장될 수 있다. 이는 수천 년 간 유행해온 철학 논증에 정면으로 맞서는 매우 대담한 기획이다.

에이전트란 무엇인가?

에이전트는 지적인 행동을 할 수 있는 어떤 것을 지칭한다. 그것은 로봇일 수도 있고 컴퓨터 프로그램일 수도 있다. 로봇과 같은 물리적 에이전트는 설명하기 명확하다. 이들은 물리적 환경과 상호작용하는 물리적 장치로 구현된다. 그러나 대부분의 인공지능 연구는 컴퓨터 내부의 가상 환경을 점유하는 모델로 존재하는 가상 에이전트 또는 소프트웨어 에이전트에 관한 것이다.

일부 인공지능 시스템은 개미 무리에서 관찰되는 기법을 사용하여 문제를 해결한다. 따라서 이 경우 단일 에이전트로 보이는 것은 수백 개의 하위 에이전트의 결합된 행동에 의존할 수 있다.

경험적 과학으로서의 인공지능

인공지능은 거대한 프로젝트이다. 인공지능의 창시자 중 한 명인 마빈 민스키Marvin Minsky, 1927~는 "인공지능 문제는 지금까지 진행했던 가장 어려운 과학 중 하나"라고 주장한다. 인공지능은 과학에 한 발, 공학에 한 발을 걸치고 있다.

약한 인공지능의 목표는 인간과 동물의 지능에 관한 이론을 개발하고, 컴퓨터 프로그램이나 로봇의 형태로 작동하는 모델을 만들어 이러한 이론을 시험하는 것이다.

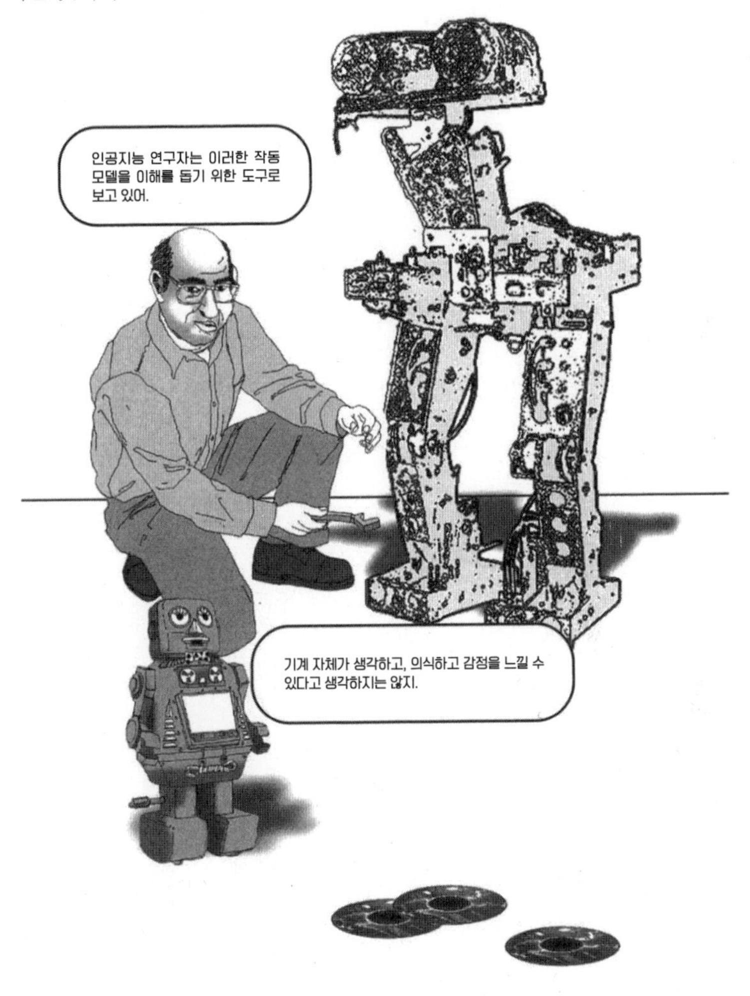

그래서 약한 인공지능의 관점에서 모델은 마음을 이해하는 유용한 도구이고, 강한 인공지능의 경우 모델은 마음이다.

이질적 인공지능 공학

인공지능은 또한 인간이나 동물의 지능에 기초하지 않아도 되는 기계를 만드는 것을 목표로 한다.

이러한 시스템을 이해하는 메커니즘은 인간의 지능을 기반으로 하는 메커니즘을 반영하기 위한 것이 아니기 때문에, 인공지능에 대한 이러한 접근 방식을 이질적 인공지능이라고 부른다.

인공지능 문제 해결

그래서 어떤 사람들에게는, 인공지능 문제를 해결하는 것이 인간에게서 발견되는 것과 같거나 그 이상의 능력을 가진 기계를 만드는 방법을 찾는 것을 의미할 수 있다.

그러나 인공지능에 관해 연구하고 있는 대부분의 연구자들에게, 강한 인공지능에 관한 논쟁의 결과는 직접적인 영향을 미치지 않는다.

한계를 내포한 야망

약한 인공지능은 인간과 동물 행동의 기저 메커니즘을 설명할 수 있는 정도 자체에 더 관심을 가진다.

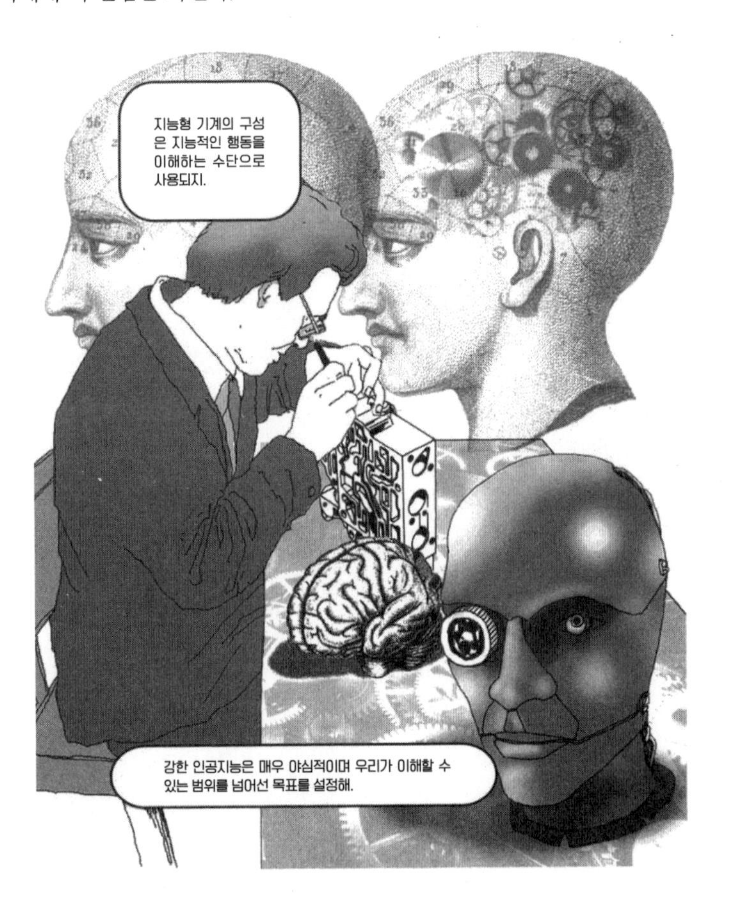

이러한 강경한 입장은 성공적인 공학 프로젝트를 통해 입증되고 이미 확립된 접근방식으로 똑똑한 기계를 만드는 공학기술이라는 보다 광범위하고 신중한 목표와 대조될 수 있다.

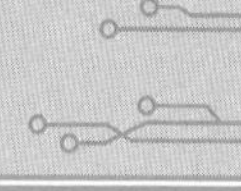

인공지능을 극한까지 몰고 가기
: 불멸과 트랜스휴머니즘[6]

"우리는 원시인이 말의 확산을 억누를 수 없었던 것과 마찬가지로 인공지능의 발전을 저지할 수 없다." -더글러스 르낫과 에드워드 파이겐바움[7]

만약 강한 인공지능이 실현 가능하다고 가정하면 몇 가지 근본적인 의문이 생긴다.

강한 인공지능이 해결하고자 하는 과제는 이러한 가능성을 밝혀내는 것이다. 강한 인공지능의 가설은 사고는 물론 다른 정신적인 특성도 우리의 유기체와 불가분의 연관을 맺지 않는다는 것이다. 이것은 불멸을 가능하게 하는데, 그 이유는 인간의 정신적인 삶은 더 튼튼한 기반 위에 존재할 수 있기 때문이다.

초인적 지능

아마도 우리의 지적 능력은 뇌를 어떻게 설계하는가에 따라 제약을 받을 것이다. 우리의 뇌 구조는 수백만 년 동안 진화해왔다. 지속적인 생물학적 진화를 통해서든 혹은 공학을 통한 인간의 개입으로 인해서든 더 이상 진화할 수 없다고 가정할 이유는 전혀 없다. 현대의 컴퓨터를 구성하는 값싼 전자 부품들에 비해 두뇌를 이루는 기계 장치들이 매우 느리다는 것을 생각하면 우리의 두뇌가 하는 일은 경이롭다.

인접 학문 분야

"인간은 자신이 만든 것만을 확실하게 알 수 있다."[9]

-잠바티스타 비코[10]

인공지능이 인간과 동물의 인지 과정 이면에 있는 메커니즘을 이해하려는 다른 시도와 차별화되는 것은 인공지능은 작동 모델을 구축해서 이해를 하려는 것을 목표로 한다는 점이다. 작동 모델의 합성 구성을 통해 인공지능은 지능 행동 이론을 테스트하고 개발할 수 있다.

인공지능과 심리학

인공지능과 심리학의 목표에는 공통점이 있다. 둘 다 인간과 동물의 행동을 뒷받침하는 정신적 과정을 이해하는 것을 목표로 한다. 심리학자들은 1950년대 후반부터 행동주의[12]가 인간을 이해하는 유일한 과학적 길이라는 생각을 포기하기 시작했다.

인지심리학[13]

비슷한 시기에, 컴퓨터가 사고의 모델 역할을 할 수 있다는 생각이 인기를 얻었다. 이 두 개념을 결합하면 계산적 정신 이론에 기초한 심리학에 대한 접근법이 자연스럽게 제시된다.

1960년대 말 인지심리학은 정보처리 용어로 인지 기능을 설명하고, 궁극적으로 인지에 대한 은유로서 컴퓨터에 의존하는 것과 관련된 심리학의 한 분야로 부상했다.

인공지능과 인지심리학의 공통 관심사가 많다는 것은 분명하다.

인공지능과 철학

인공지능이 제기한 몇 가지 근본적인 질문들은 수천 년 동안 철학자들에게도 어려운 과제였다. 인공지능은 아마도 과학 중에서 독특한 분야다. 인공지능은 철학과 친밀하며 상호적인 관계를 가지고 있다.

심신 문제[16]

심신 문제는 정신 영역과 육체 영역 사이에 근본적인 차이가 있어야 한다고 주장한 데카르트René Descartes, 1596~1650로 거슬러 올라간다. 데카르트에게 인간은 정신적 능력을 소유한 유일한 존재였다. 동물은 정신적인 생활이 결여된 짐승에 불과했다.

인공지능은 프로그램과 컴퓨터와의 관계를 마음과 두뇌의 관계처럼 유사하게 설정하는 일종의 컴퓨터 은유를 제시하면서 심신 문제를 현대적 논의로 제안한다.

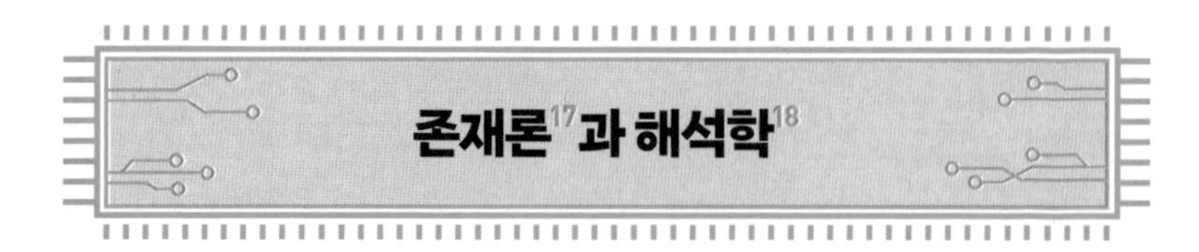

존재론[17]과 해석학[18]

기계로 하여금 지식을 습득시키고자 하는 시도는 존재론적인 가정을 할 필요가 있다. 존재론은 존재하는 것의 종류와 관련된 철학의 한 분야이다. 수십 년간 지속된 인공지능 프로젝트는 상식적인 지식을 컴퓨터가 습득할 수 있도록 시도했다.

하지만 최근 이러한 비판은 인지를 바라보는 새로운 접근 방식을 형성하고 있으며, 인공지능에 긍정적인 영향을 미치고 있다. 우리는 나중에 이 주제를 다룰 것이다.

긍정적인 출발

인공지능이라는 용어는 1956년 뉴햄프셔 주의 다트머스 대학에서 열린 작은 학술회의에서 만들어졌다. 몇몇 주요 인사들이 모여 다음과 같은 가설을 논의하였다.

허버트 사이먼　　존 매카시　　클로드 섀넌

"학습의 모든 측면이나 지능의 다른 어떤 특징도 원칙적으로 그것을 시뮬레이션[19]하기 위한 기계가 만들어질 수 있도록 매우 정확하게 기술될 수 있지."

앨런 뉴얼　　마빈 민스키

이 가설은 그 이후로 줄곧 집중적인 연구의 대상이 되어 왔다. 그 회의에 참석한 사람들 중 많은 이가 인공지능 연구에 중추적인 역할을 했다.

낙관주의와 대담한 주장

다트머스 회의는 두 달 동안 열렸다. 특히 참석자 중에서 앨런 뉴얼[20]과 허버트 사이먼은 차분하게 많은 토론을 활발하게 이끌었다.

인공지능은 항상 큰 관심을 불러일으켰다. 생각하는 기계의 가능성은 공상과학 소설의 중심이 되었다. 이는 어느 정도 기술의 한계에 대한 우리의 관심의 결과이며, 일부분은 열정적인 인공지능 연구자 덕분이다.

인공지능에 대한 일반적인 비판은 로자크T. Roszak가 1986년《뉴 사이언티스트 the New Scientist》에서 "인공지능의 노골적인 대중 기만 기록은 학문적 연구 역사상 유례가 없다."고 불평한 것과 같이, 수치스러운 자기 홍보다.

이러한 발언은 거의 60년이 지난 지금도 여전히 의심스럽다. 기계가 정말 생각할 수 있을까? 나중에 알게 되겠지만, 이것은 중요한 질문이긴 하나, 개념적인 문제들로 가득 차 있다. 그러나 학습하고 창조할 수 있는 기계가 존재한다는 강력한 근거가 될 수 있다.

지능과 인지

그렇다면 지능이란 정확히 무엇이며, 우리는 어떤 것이 진짜가 아닌 인공적인 것인지 어떻게 결정을 내릴 수 있을까? 이러한 질문들 중 어떤 것도 정확한 정의를 인정하지 않는데, 이로 인해 인공지능은 불운한 과학의 한 분야로 이름이 붙여지게 된다. 1995년 아서 레버[21]는 지능의 개념에 대해 "심리학에서 이보다 더 헌신적인 관심을 받은 개념은 거의 없으며, 분류를 그렇게 철저하게 거부한 경우도 거의 없다."고 언급했다.

행동과 지능 사이의 관계는 문제투성이다. 이러한 문제를 설명하기 위해, 우리는 자율 로봇 공학을 첫 번째 이정표로 고려할 것이다.

생명체의 모방

1950년대 영국 남서부 브리스톨에서, 그레이 월터W. Grey Walter는 자율 로봇 개발을 개척했다. 월터는 디지털 컴퓨터가 보급되기 훨씬 전에 이러한 영향력 있는 작업을 수행했다. 그는 동물과 기계의 가능한 행동 범위에 대한 연구인 사이버네틱스[22]에 관심이 있었다.

월터는 '생명체의 모방'에 관심이 있었고 오늘날에도 계속해서 관심을 끄는 로봇을 만들었다. 가스 계량기의 톱니바퀴와 같은 매우 기본적인 재료를 사용하여 월터는 거북이를 닮은 일련의 움직이는 로봇을 만들었다.

이 로봇들은 자율적이었다. 그들의 행동을 지배하는 인간의 개입이나 통제는 없었다. 월터의 로봇은 바퀴가 세 개였고 충돌 감지기 역할을 하는 껍질에 둘러싸여 있었다.

바퀴를 제어하기 위해 두 개의 모터를 사용하는데, 하나는 조정에, 다른 하나는 추진에 사용하며, 로봇은 빛을 따라가도록 했다. 하지만 지나치게 밝은 빛을 만나면 로봇이 빛을 피하도록 설계했다.

복잡한 행동

월터는 그가 만든 로봇인 엘시Elsie가 예측할 수 없는 행동을 보였다고 보고했다. 예를 들어, 월터는 엘시의 주변 환경으로 밝은 빛이 있는 우리와 재충전소를 조성했다.

엘시는 이제 희미한 불빛으로 보이는 우리에 들어가 다시 충전하곤 했다. 배터리가 가득 충전되면 감도가 완전히 회복되고, 엘시는 이전과 같이 우리 밖으로 뛰어나와 충전하기 전처럼 작동했다.

엘시는 지능을 가졌는가?

월터가 만든 창조물은 현대의 기준으로 보면 매우 단순했지만, 간단한 기계에서 얼마나 복잡한 행동이 발생할 수 있는지를 설명함으로써 현대 로봇 공학이 직면하고 있는 문제들을 밝혀냈다. 월터가 로봇들의 행동을 정확히 예측할 수 있는 방법은 없었다.

그러나 엘시의 능력은 우리가 생각하는 '진짜' 지능과는 거리가 멀다. 중요한 것은, 엘시는 영리한 한스로 알려진 유명한 말과 많은 공통점을 가지고 있다는 점이다.

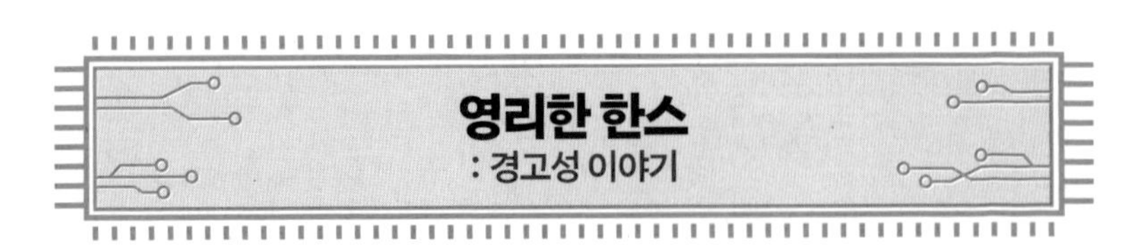

영리한 한스
: 경고성 이야기

영리한 한스는 조련사 빌헬름 폰 오스틴에게 수학을 배운 것으로 유명한 말이다. 한스는 가끔 실수를 하긴 했지만, 발굽을 두드려 산수문제에 대한 정답을 맞추어 구경하는 군중들을 놀라게 만들었다. 과학 전문가들은 한스가 정말 계산을 할 수 있다는 그의 조련사의 주장을 지지했다. 그러나 한 전문가는 폰 오스틴이 답을 모를 때 한스가 실수를 하고 있다는 것을 알아차렸다. 한스의 정체가 폭로되었다.

'영리한 한스의 오류'란 실제로는 능력이 환경, 즉 이 사례에서는 계산을 할 수 있는 조련사에 의해 지원될 때 그 능력을 에이전트에게 잘못 귀속시키는 것을 의미한다.

영리한 한스의 신봉자들은 조련사인 폰 오스틴의 지능을 말에게 돌리는 실수를 범했다. 그레이 월터의 로봇 거북이에 대해서도 비슷한 비판이 제기되었다.

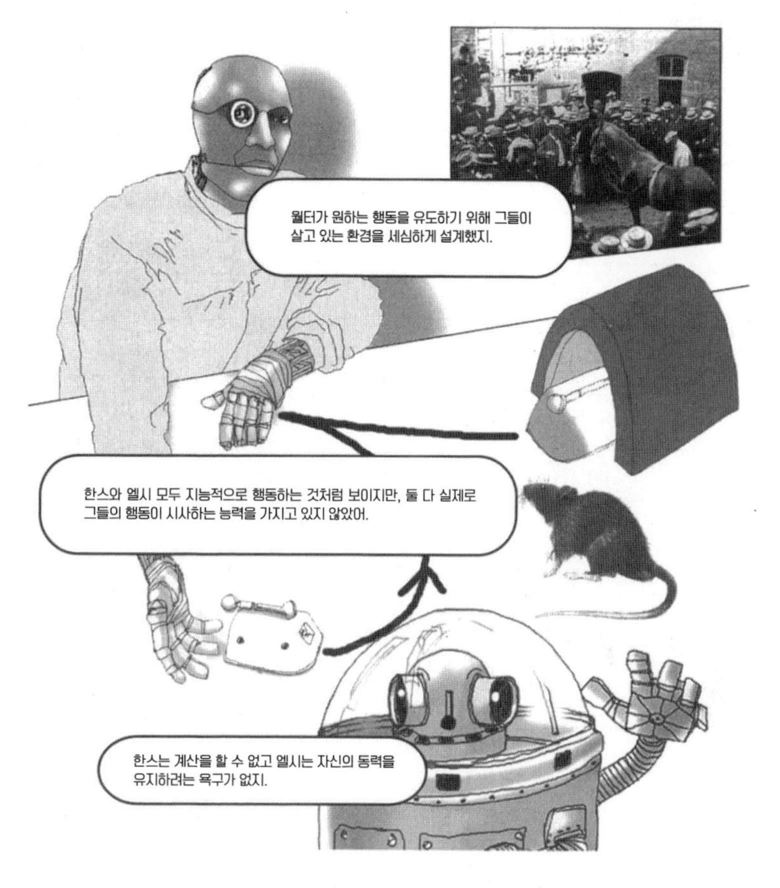

이는 단지 에이전트의 행동만을 근거로 에이전트에게 능력을 부여할 때 생기는 문제를 실제로 보여준다.

지능적인 행동이 환경과 밀접하게 관련되어 있을 때, 어떻게 지능적인 기계를 만들 수 있을까? 인공지능 연구의 대다수는 이 문제를 두 가지 방식으로 간접적으로 다루고 있다. 첫째, 실제 환경에서 발생하는 복잡성과 분리하여 에이전트의 인지에 초점을 맞춘다. 둘째, 인공지능은 주로 외부 행동보다는 내적 인지 과정을 연구하는 데 관심을 둔다.

언어, 인지 및 환경

인지와 환경에 대한 인공지능의 입장은 언어학자이자 인지 과학자인 노암 촘스키Noam Chomsky, 1928~의 이론이 전형적이다. 촘스키의 영향력 있는 통찰력에 따르면, 우리는 생물학적으로 언어에 강한 성향을 타고났다.

이러한 입력과 출력 간의 관계에 대해 촘스키는 다음과 같이 설명한다. "공학자는 주어진 입력-출력 조건을 충족시키기 위한 장치 설계 문제에 직면하게 될 경우, 당연히 출력의 기본 특성이 장치 설계의 결과라고 결론지을 것이다. 내가 아는 한, 이 가정에 대한 어떤 그럴듯한 대안도 없다."

다시 말해서, 인간의 언어에 대한 능력을 고려하면, 환경은 단지 작은 역할만 할뿐이다. 촘스키에게 언어는 환경에 의해 '부분적으로만 형성되는' 인지 과정이다.

인공지능 문제와 관련된 두 조류

언어에 대한 촘스키의 입장은 지난 60년 동안 인공지능 연구의 대다수를 포괄하는 청사진으로 받아들여질 수 있다. 인공지능 연구는 일반적으로 언어, 기억력, 학습 및 추론과 같은 높은 수준의 인지 과정에 초점을 맞춘다.

이 책은 지난 반세기 동안 이러한 두 조류가 어떻게 발전해왔는지 추적할 것이다. 이 두 조류가 만나 통합되어야 강한 인공지능이든 약한 인공지능이든 성공에 도달할 수 있다. 틀림없이 그럴 것이다. 궁극적으로, 인공지능은 높은 수준의 인지 능력을 가진 작업 로봇을 만드는 것을 추구한다.

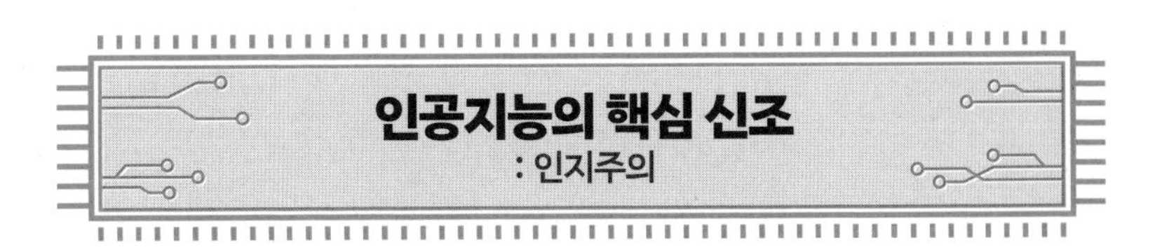

인공지능의 핵심 신조
: 인지주의

인공지능은 인지가 컴퓨터와 같다는 관점을 지지한다. 즉 정신과 뇌는 정교한 컴퓨터에 지나지 않는다. 이러한 입장은 인지주의로 알려져 있다.

계산이란 무엇인가?

"나는 계산을 정의할 수 있다고 생각하는 모든 제안을 거부한다."

- 브라이언 캔트웰 스미스, 인디애나대학교

계산이란 인지주의의 핵심 개념인데, 정의하기 어려운 것으로 악명 높다. 계산은 간단히 '컴퓨터가 수행할 수 있는 일종의 연산'이라는 뜻으로 받아들여질 수 있다.

정확한 정의가 없음에도 불구하고, 계산 이론은 튜링 기계의 개념에 크게 의존하는 잘 발달되고 엄격한 컴퓨터 과학의 한 분야이다. 영국의 수학자 앨런 튜링Alan Turing, 1912~1954은 인공지능, 컴퓨터 과학, 논리학의 역사에서 중요한 선구자였다.

튜링 기계

튜링의 성과 중 하나는 개념적 계산 장치인 튜링 기계의 제안이었다. 튜링 기계는 간단한 가상의 장치로, 기호를 쓸 수 있는 무한히 긴 테이프가 기계의 일부를 구성한다.

튜링 기계는 계산 이론에서 중요한 목적을 수행했다. 튜링은 가상 머신을 사용하여 알려진 모든 컴퓨팅 장치에 적합한 핵심적인 결과를 증명했다. 튜링은 오늘날 우리가 알고 있는 컴퓨터가 실제로 만들어지기 전에 이러한 업적을 이루어냈다.

컴퓨터 장치로서의 두뇌

1943년, 튜링의 계산에 관한 연구를 알게 된 워런 맥컬록Warren McCulloch, 1898~1968과 월터 피츠Walter Pitts, 1923~1969는 개별적인 뇌의 뉴런이 어떤 식으로 계산 장치로 간주될 수 있는지를 보여주는 '신경 활동에 내재하는 아이디어의 논리적 미적분학'을 발표했다. 10대 시절, 월터 피츠는 시카고 대학에서 하는 강의를 몰래 듣곤 했다. 그의 범상치 않은 논리적 지식에 감명을 받은 교수진의 초청으로 피츠는 생리학자인 워렌 맥컬록과 함께 일하게 된다.

궁극적으로, 그들은 뉴런의 구성이 튜링 기계에 의해 계산 가능한 모든 연산을 수행할 수 있다는 것을 증명했다. 이러한 발견으로 두뇌를 마치 튜링 기계와 같은 계산 장치로 간주할 수 있게 되었다.

계산과 인지주의

모든 계산 장치는 연산할 수 있는 계산의 범주에서는 튜링 기계와 동일하다고 간주될 수 있지만, 이러한 서로 다른 장치가 계산을 수행하는 방식은 근본적으로 다르다.

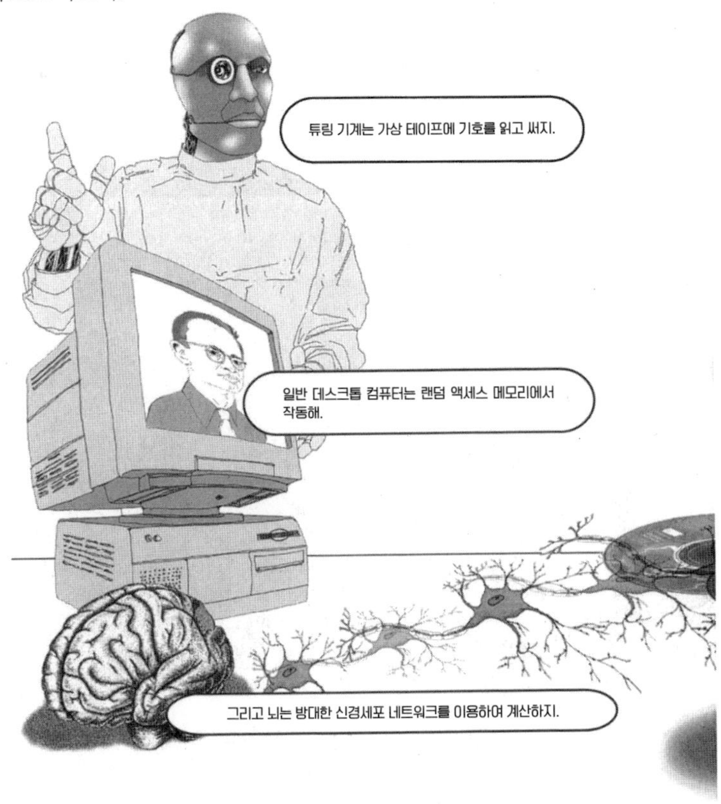

그래서 우리가 컴퓨터가 수행할 수 있는 계산의 종류라는 관점에서 이야기한다면, 이는 이러한 계산이 어떻게 수행될 수 있는지에 대한 것 이상을 말해주지는 않는다. 인지주의가 제안하는 계산 모델은 무엇인가? 정신은 정확히 어떻게 계산되는가?

기계 두뇌

역사를 통틀어, 과학자들은 우리의 뇌 안에서 일어나는 활동은 기계적인 것이라고 주장해왔다. 르네상스 시대에는 이러한 기계적인 활동이 시계장치를, 그리고 나중에는 증기 기관을 닮았다고 생각했다. 지난 세기 동안에는 전화 교환기라는 은유로 일컬어졌다.

뇌는 하드웨어와 같다. 그것은 물리적 장치이다. 마음은 소프트웨어와 같다. 그것은 물리적인 장치를 작동시키도록 요구하지만, 그 자체로는 형체가 없기 때문에 물질적인 것은 아니다.

기능주의자의 뇌와 정신의 분리

기능주의[23]는 계산을 정의하는 연산의 종류가 이를 물리적으로 구현하는 본질보다 중요하다는 견해를 말한다. 두 종류의 프로세스가 동일한 기능을 수행하는 한 동일한 프로세스로 간주할 수 있다. 따라서 기능주의는 다중실현 가능성[24]을 의미한다. 동일한 작업이 물리적으로 다른 방식으로 실현될 수 있기 때문이다.

기능주의자는 인지가 어떤 종류의 기계와도 얽매이지 않는다고 주장할 것이다. 마음이 특별한 점은 두뇌가 수백만 개의 뉴런으로 이루어진 뇌중추에 의해 물리적으로 지지된다는 사실보다는, 그것이 수행하는 일종의 활동일 것이다.

물리적 기호 체계 가설

1976년, 뉴얼과 사이먼은 물리적 기호 체계 가설PSSH을 제안했다. 이 가설은 마음이 의존하는 계산의 종류를 특징짓는 일련의 속성을 제안한다. 물리적 기호 체계 가설은 지적 행동이 기호의 문법 조작에 의존해야 한다며 다음과 같이 선언한다. "지능적 행동을 위한 필요하고 충분한 수단인 물리적 기호 체계". 즉, 인지에는 상징적인 표현이 필요하다. 그리고 이 표현들은 이 세상의 사물들을 가리킨다.

본질적으로, 뉴얼과 사이먼은 컴퓨터가 실행하는 일종의 프로그램에 대해 언급하고 있다. 그들은 그 프로그램을 실행하는 컴퓨터의 종류에 대해서는 어떤 말도 하지 않는다.

지능적 행동 이론

뉴얼과 사이먼의 가설은 지능적인 행동을 위해 필요한 종류의 작업에 대한 문제를 명확히 하기 위한 시도이다. 그러나 물리적 기호 체계 가설은 가설일 뿐이므로 반드시 검증해야 한다. 가설로서의 타당성은 실험을 수행하는 과학자에 의해서만 입증되거나 반증될 수 있다. 전통적으로, 인공지능은 이 가설을 검증하는 과학이다.

기계가 정말 생각할 수 있을까?

인지주의자들의 주장을 살펴보자. 그들이 성공했다고 상상해보자. 그들은 강한 인공지능이라는 목표를 달성했고, 지적이고 생각할 수 있는 기계를 만들었다. 우리는 그들을 믿을 것인가? 인지주의는 근본적으로 순진한 것일까? 아마도 기계가 생각할 수 없다는 것을 증명하는 결정적인 주장이 있을 것이다.

앨런 튜링은 1950년 그의 논문 〈컴퓨팅 기계와 지능〉에서 "기계는 생각할 수 있는가?"라는 질문에 관심을 가졌다. 튜링은 그 질문이 잘못 정의되었고 "논의할 가치가 없을 정도로 무의미하다."는 것을 인식했다.

튜링 테스트

질문자는 자신이 선택할 수 있는 어떤 질문도 할 수 있으며, 반드시 진실할 필요는 없는 응답에 근거하여 상대방이 인간인지 컴퓨터인지를 결정해야 한다. 튜링은 다음과 같은 종류의 대화를 상상했다.

만약 컴퓨터가 인간 질문자를 속여 자신을 인간이라고 믿게 할 수 있다면, 튜링 테스트를 통과한 것이다.

“기계가 생각할 수 있는가?”라는 질문에 대한 튜링이 제기한 문제는 ‘생각’이라는 용어가 가지는 문제이다. 생각이란 정확히 무엇인가? 생각이 언제 일어나는지 어떻게 결정하는가? 튜링에 따르면, 이 단어의 일상적인 용법을 채택하는 것은 이 질문을 갤럽 여론조사와 같은 통계 조사로 격하시키는 꼴일 것이다.

어떤 대답이든 사실에 관한 것이 아니라, ‘생각’이나 ‘수영’과 같은 단어들의 ‘사용법을 분명하게 하는 것’에 관한 것이다.

뢰브너 상

1990년에 튜링 테스트는 연례 대회로 바뀌었다. 매년 참가자들은 뢰브너 상을 놓고 경쟁한다. 튜링 테스트를 통과한 컴퓨터 프로그램을 설계한 사람은 10만 달러와 금메달을 받는다. 아직 아무도 금메달을 받지는 못했지만, 동메달과 상금은 매년 최선의 노력을 다한 참가자들에게 주어진다. 아래 내용은 심판관과 컴퓨터 간의 대화에서 발췌한 것이다.

가까운 미래에 어떤 컴퓨터도 튜링 테스트를 통과할 것 같지 않다.

튜링 테스트의 문제

많은 사람들이 지능이나 사고를 시험하기 위한 튜링의 모방 게임에 반대한다. 주로 하는 반대는 그 시험이 기계의 언어적 행동만을 고려한다는 것이다. 즉 기계가 작동하는 방식을 무시한다는 의미다.

"이 연구의 근본적인 목표는 단순히 지능을 모방하거나 영리한 가짜를 만들어내는 것이 아닙니다. 전혀요. '인공지능'은 진정한 제품을 원하고 있어요. 즉, 완전한 문자 그대로의 마음을 가진 기계를 말이에요."

-존 해걸랜드[25]

튜링 테스트를 통과했지만, 명백하게 지능적이지 않은 방법으로 통과한 기계를 상상해보자.

실제로는 이것이 불가능할 것 같지만, 일부에서는 튜링 테스트가 부적절하다는 실제 사례로 사용해왔다.

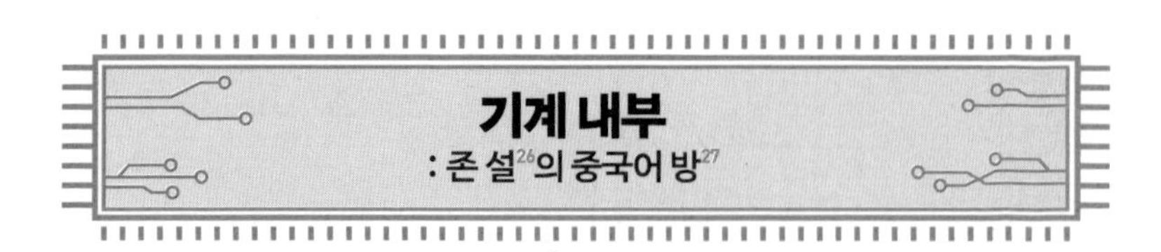

기계 내부
: 존 설[26]의 중국어 방[27]

1980년대 들어 철학자 존 설은 인공지능 연구자들이 기계가 연구자들이 조정하는 구조를 '이해'한다는 주장에 불만을 품고 강한 인공지능에 강력한 반박을 가하기 위해 사고 실험을 고안했다.

존 설의 중국어 방

설은 자신이 방 안에 있는 것을 상상했다. 방 한 쪽에는 중국어로 적힌 질문들을 설에게 전달하는 창구가 있다. 그의 임무는 이러한 질문에 대한 답을 역시 중국어로 제출하는 것이다. 정답은 다른 창구를 통해 방 밖으로 다시 전달된다. 문제는 설이 중국어를 한 마디도 이해하지 못한다는 것이고, 한자는 그에게 아무런 의미가 없다는 것이다.

충분한 연습을 통해 설은 답을 구성하는 데 매우 능숙하게 되었다. 외부 세계에서는 설의 행동이 중국어 원어민의 행동과 다르지 않다. 이는 중국어 방이 튜링 테스트를 통과한다는 뜻이다.

중국어를 실제로 읽고 쓸 수 있는 것과 달리, 설은 그가 조작하고 있는 상징들을 전혀 이해하지 못한다. 마찬가지로, 추상적 기호 조작이라는 동일한 절차를 실행하는 컴퓨터도 중국 문자를 이해하지 못할 것이다.

설의 결론은 형식적인 기호 조작은 이해를 의미한다고 하기에 충분하지 않다는 것이다. 이 결론은 뉴얼과 사이먼의 물리적 기호 체계 가설과 정면으로 충돌한다.

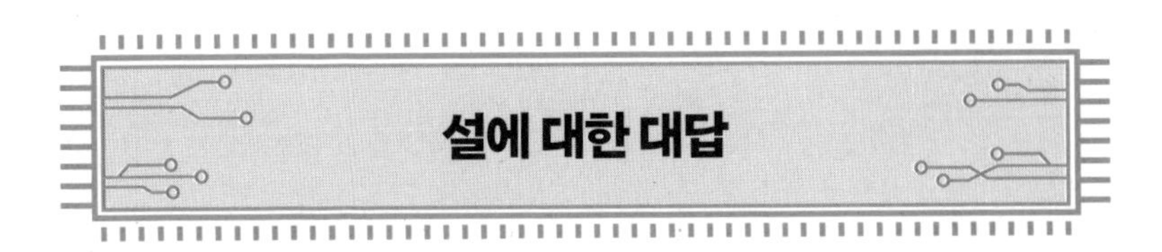

설에 대한 대답

설의 주장에 대해 자주 등장하는 반론은 설 자신이 중국어를 이해하지 못할 수도 있지만, 설과 규칙이 적힌 책자의 결합은 중국어를 이해한다는 것이다.

전체는 부분의 합 이상이 될 수 있는가? '구성요소의 조합'이 실제로 더 높은 복잡성, '더 큰 전체'로 귀결된다는 확실한 증거가 있다.

복잡성 이론 적용

단순한 구성 요소의 복합적 상호작용에서 발생하는 질서를 이해하는 과학인 복잡성 이론은 창발성[28]의 가능성을 다룬다. 창발성은 단순히 구성된 행동만을 이해해서는 예측할 수 없는 특성을 지녔다.

생물학 분야에서 창발성의 사례를 생각해보자.

이해 작용은 창발성인가?

인간은 인간 게놈에서 출현하는데, 인간 게놈에는 인간을 어떻게 만드는지 정확히 기술되어 있지 않다. 물론, 우리는 유전자의 산물이지만, 유전자가 만들어내는 폴리펩타이드 사슬, 그리고 이러한 사슬이 서로 교류하는 매우 복잡한 상호작용의 결합에 불과할 뿐이다.

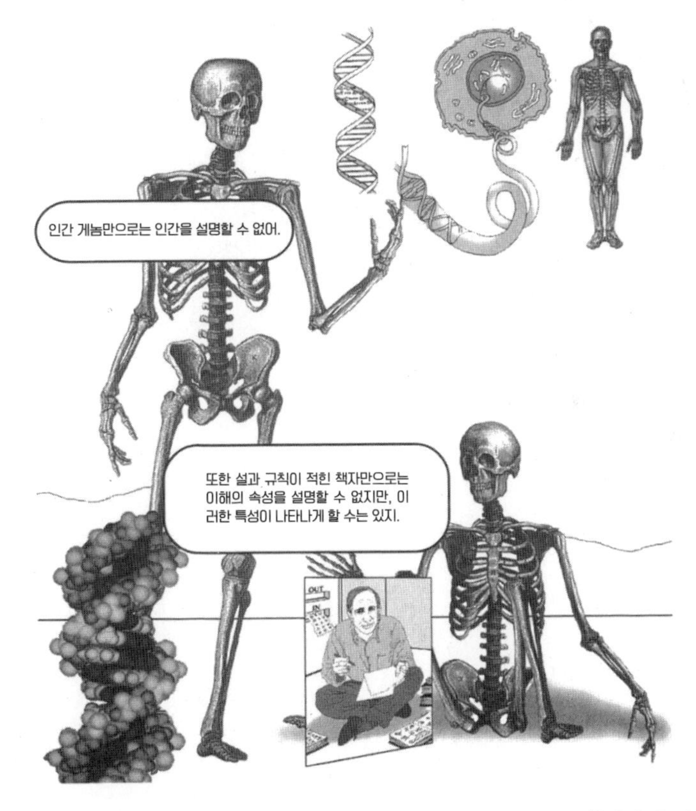

간단히 말해서, 복잡성 이론은 비록 이 주장이 그 자체만으로 이해의 출현에 대한 설명을 제공하지는 않지만, 전체는 부분의 합보다 더 클 수 있다는 것을 말해준다.

올바른 재료로 만든 기계

설이 강한 인공지능의 가능성을 부인하지 않고 있다는 점을 주목하는 것은 중요하다. 사실, 설은 우리도 복잡한 기계에 지나지 않는다고 믿는다. 따라서 우리는 생각하고 이해하는 기계를 만들 수 있다. 설이 반대하는 것은 기계 이해라는 것은 단순히 정확한 프로그램을 고안하는 문제라는 개념에 있다. 설은 기능주의의 핵심을 찌른다.

인공지능과 이원론[31]

설에게 다른 어떤 것을 주장한다는 것은 여러분이 정신 영역이 물리적 영역과 인과 관계가 없다는 입장인 이원론을 믿어야 함을 의미한다. 설의 주장에 따르면, 많은 인공지능 연구자들이 명확히 취하고 있는 입장이 이원론이라고 한다. 그들은 그들의 모형들이 순전히 올바른 프로그램이 실행되는 것에 기초하여 정신적인 생활을 영위한다고 믿는다. 정신 현상은 기계두뇌와 무관하게 프로그램마음 관점에서 완전히 이해될 수 있다.

그는 '올바른 프로그램'을 찾으려고 노력함으로써 인공지능을 개발하는 것은 잘못된 것이라고 믿는다. 이해와 같은 자질도 올바른 종류의 기계가 필요하다.

인공뇌 실험

로봇공학자 한스 모라벡Hans Moravec, 1948~은 사상, 이해, 의식과 같은 속성이 어디에 위치하는지에 대한 의견이 명백하게 나뉜다는 것을 보여주는 '인공뇌 실험'을 제안했다. 여러분의 두뇌에 있는 뉴런을 한 번에 하나씩 전자 뉴런으로 대체한다고 상상해본다면, 여러분의 뇌는 생물학적 장치에서 점차 전자 장치로 변형된다. 만약 우리가 뉴런의 행동을 완전히 이해하고 있고, 우리의 인공 뉴런이 가능한 모든 조건에서 이 행동을 모방한다고 가정한다면, 변형된 뇌의 행동은 생물학적 뇌의 행동과 동일할 것이다.

로저 펜로즈와 양자 효과

설에게 의식에 필요한 기계의 본질은 수수께끼이다. 그는 왜 컴퓨터는 이해와 의식과 같은 속성을 지원할 수 없는 반면 뇌는 그럴 수 있는지에 대한 이유를 설명할 수 있는 해답을 가지고 있다고 주장하지는 않는다. 이와는 대조적으로, 옥스퍼드 대학의 수리물리학자 로저 펜로즈Roger Penrose, 1931~는 '물질stuff'을 대안으로 제안한다.

설과 마찬가지로 펜로즈는 기존의 컴퓨팅 기계가 의식을 지원할 수 없다고 주장한다. 의식적인 마음은 매우 구체적인 신체적 특성을 필요로 한다.

컴퓨터는 본질적으로 지원할 수 있는 프로세스의 종류가 제한되어 있다.

펜로즈와 괴델의 정리

이러한 주장을 뒷받침하기 위해, 펜로즈는 수학적 논리의 근본적인 정리인 괴델의 정리를 활용한다. 괴델의 정리에 따르면, 특정한 수학적 진리는 계산 절차를 사용하여 증명할 수 없다. 인간 수학자들은 명백히 이러한 진리에 도달할 수 있기 때문에, 펜로즈는 인간이 비계산적인 작업을 수행해야 한다고 주장한다.

만약 인간의 생각이 비계산적인 과정으로 이루어진다면, 뇌는 어떻게 이러한 과정이 이루어지도록 돕고 있는가? 이 질문에 답하기 위해, 펜로즈는 물리학에 기대하고 있는데, 양자 중력 이론이 의식을 설명하는 데 적절한 물리학 이론일 가능성이 높다고 주장한다.

양자 중력과 의식

아직까지는 매우 잠정적인 단계에 있는 양자 중력 이론[32]은 현존하는 물리학을 활용하여 우리가 관찰하는 측정 과정의 부정확성을 설명하기 위한 것이다. 즉, 양자 이론이나 상대성 이론 모두 특정한 소규모 현상을 포괄적으로 설명할 수 없다. 펜로즈는 이렇게 이야기 한다. "이 새로운 이론은 양자역학의 약간의 수정이 아니라 일반상대성이론이 뉴턴의 중력과 다르듯이 표준 양자역학과는 다른 것이 될 것이다. 이는 완전히 다른 개념의 틀을 가진 것이어야 한다."

펜로즈 이전에도 양자 중력이 우리가 의식에 대해 이해하는 데에 중요한 것으로 증명될 수 있다는 생각이 있었지만, 그는 위험을 자초하면서까지, 뇌의 양자 중력 효과가 뉴런 내부의 컨베이어 벨트 같은 구조인 미세소관에 의존할 가능성이 있다는 것을 구체적으로 제안했다.

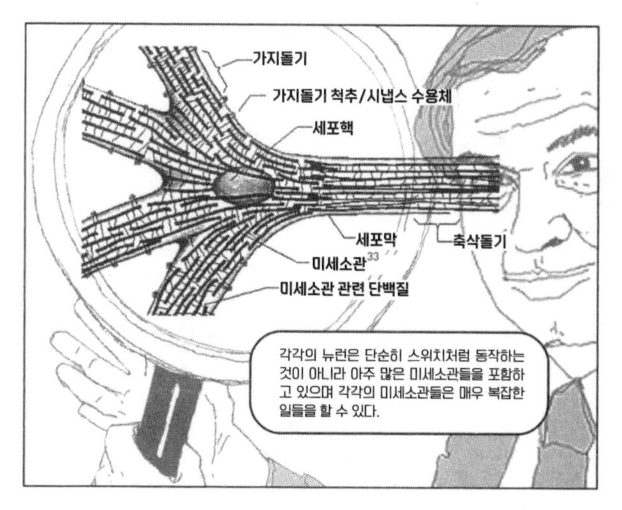

펜로즈에 따르면, 미세소관은 의식에 필요한 양자 중력 효과를 위한 기본물질을 지원한다. 중요한 것은 이러한 과정은 비계산적이라 기존의 컴퓨팅 기계로는 지원할 수 없다는 점이다. 이러한 추측에 근거한 제안은 인간의 생각이 비계산적인 프로세스에 의존한다는 펜로즈의 주장을 뒷받침한다.

오늘날 우리가 알고 있는 것처럼 컴퓨터는 미세소관으로 구성된 세포 구조를 가지고 있지 않기 때문에, 의식을 지원할 수 없다. 펜로즈의 생각이 맞을지도 모르지만 그의 주장을 뒷받침할 증거는 아직 거의 없다. 생물학적 시스템에 대한 우리의 고전적인 이해에서 아직 고려되지 않은 요소가 일부 있다는 생각은 의식적인 사고 기계의 가능성과 관련된 논쟁의 일반적인 결론이다. 펜로즈의 이론은 매우 논란이 많고 그의 결론을 받아들이는 사람은 거의 없다.

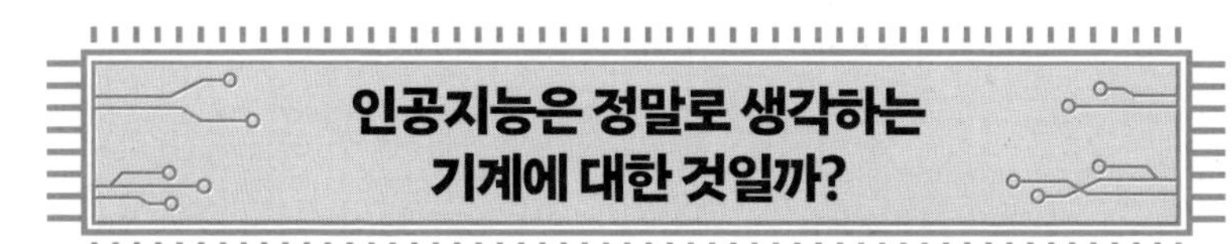

인공지능은 정말로 생각하는 기계에 대한 것일까?

이해, 의식, 사상은 수수께끼이다.

현재 우리의 이해 정도를 고려할 때, 기계화된 이해, 의식, 또는 생각의 문제에 대한 해답은 정말 없다. 이 논쟁은 철학자들이 중세 이후 고군분투해 온 지향성[34] 문제로 귀결되는 것이 최선이다.

인공지능은 이 같은 오래된 문제를 우연히 발견했다. 지향성이란 정확히 무엇이고, 그것이 실제로 존재하는가? 만약 그렇다면, 그것은 물리적 근거가 있는가? 불행하게도, 지향성 논쟁은 기계가 생각하고 이해할 수 있다는 일부 인공지능 연구자들의 주장과 상관없이 여전히 미스터리로 남아 있다.

지향성 문제 해결

인공지능 연구자들이 사용하는 기계의 종류, 그리고 이 기계가 지향성 문제를 어떻게 조명하는지는 인공지능에 대한 활발한 연구를 수행하는 사람들이 좀처럼 고려하지 않는 문제다. 실제 연구는 이 논쟁과 무관하게 진행된다. 대부분의 인공지능 연구자들은 우리가 지향성을 설명할 필요 없이 지능적 행동 이론을 조사하고 이러한 이론을 컴퓨터 모델로 구현할 수 있다는 데 동의한다.

지향성 문제를 다루는 것은 인공지능 분야에서 일하는 사람들에 의해 '최후 손질'의 일부로 암시적으로 간주된다. 첫째, 그들은 컴퓨터와 로봇이 지능적으로 행동하도록 하는 것을 목표로 하고, 그 후에야 이러한 근본적인 질문들이 받아들여질 것이다.

인지론자의 관점 탐색

인공지능에 대한 고전적인 접근 방식은 인지주의의 타당성, 특히 뉴얼과 사이먼이 제안한 가설을 조사하기 위해 사용되는 일련의 원칙과 관행을 포함한다. 인식은 상징 구조의 형식적인 조작으로 가장 잘 이해된다.

인공지능에 대한 고전적인 접근 방식은 다음과 같은 공학 프로젝트로 결실을 맺었으며, 나중에 이를 자세히 검토할 것이다.

- 최고의 인간 플레이어를 이길 수 있는 체스 게임 컴퓨터.
- 컴퓨터가 상식적인 지식을 보유하도록 시도한다.
- 카메라에 잡힌 장면에서 해당 물체에 대한 정보를 복구할 수 있는 컴퓨터 시각 시스템
- 쉐이키는 시각, 계획, 자연어 처리 등 여러 인공지능 기술을 사용하여 작업을 수행할 수 있는 로봇이다.

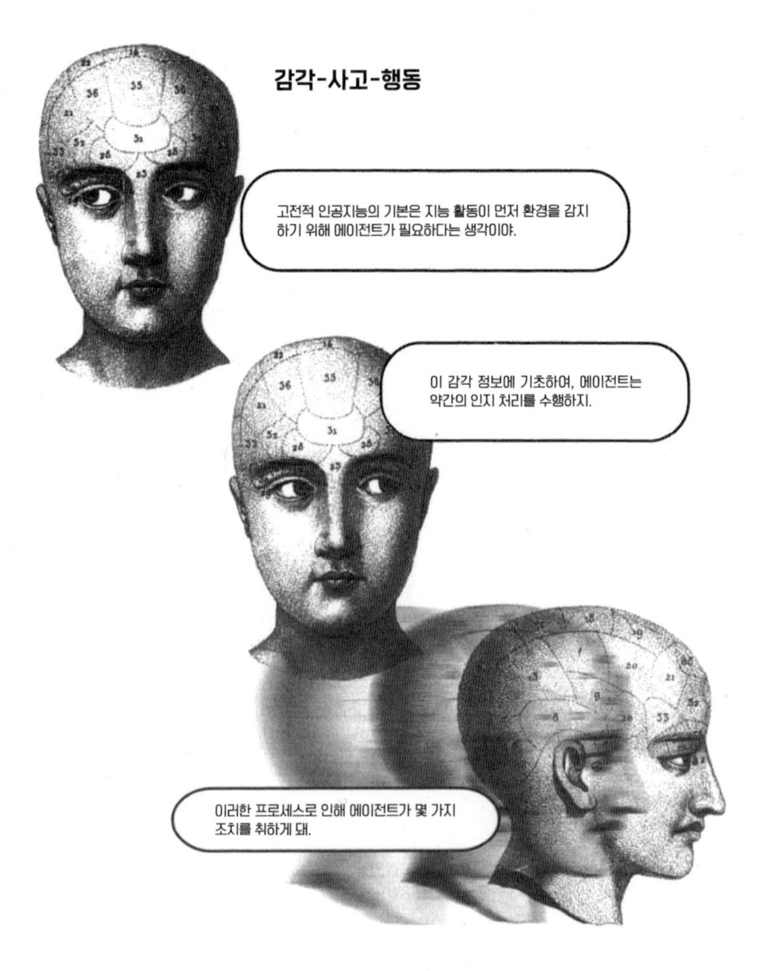

요컨대 지각과 행위의 연관은 인지행위에 의해 매개된다.

엘시를 넘어서

우리가 보게 될 것처럼, 로봇 쉐이키는 월터의 로봇 거북 엘시에서 발견된 것보다 훨씬 더 뛰어난 인지 능력을 가지고 있다. 엘시가 부족했던 점을 떠올려 보자.

- 엘시는 자신이 어디에 있는지, 어디에 가고 있는지 알지 못했지.
- 엘시는 어떤 목표를 달성하기 위해 프로그래밍을 하지 않았어.
- 엘시는 인지 능력이 거의 없거나 전혀 없었지.

엘시는 고전적인 인공지능이 이해하고자 하는 바로 그 능력, 즉 추론, 학습, 비전, 언어 이해와 같은 인지 능력이 부족했다.

인지 모델링

인공지능의 대부분은 인지 모델링에 달려 있다. 이것은 인지 기능을 수행하는 컴퓨터 모델의 구성을 의미한다.

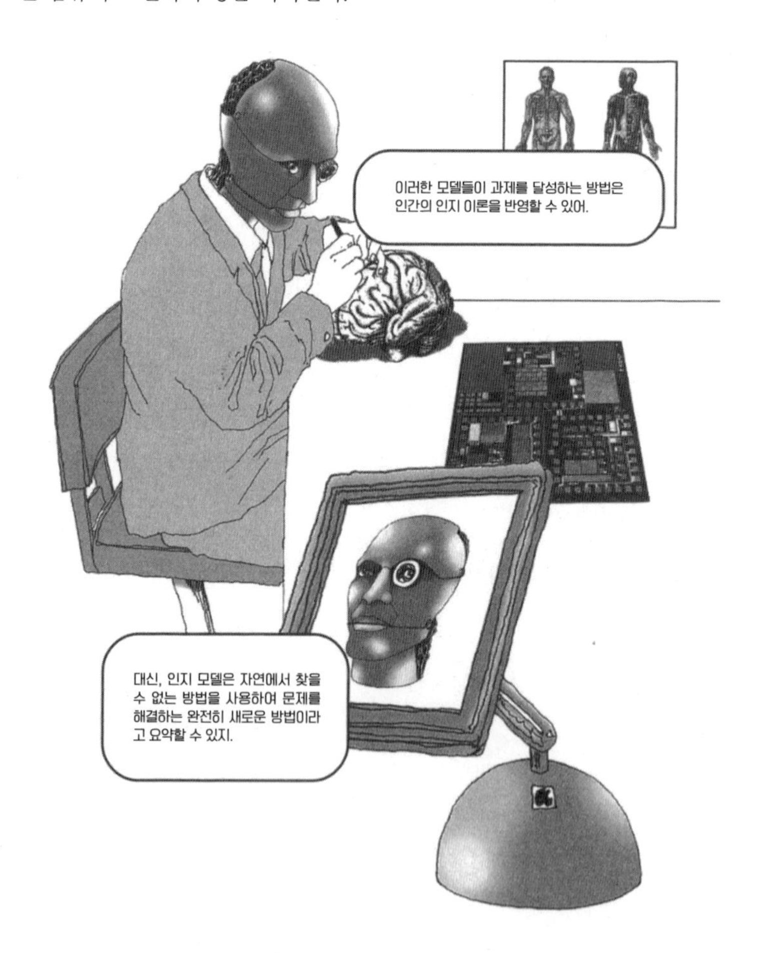

그러나 문제는 해결되지 않았다. 작동 모델의 구성 자체가 모델링되는 것에 대한 설명으로 여겨지는 것은 아니다.

모델은 설명이 아니다

누군가가 당신에게 뇌의 신경구조를 총망라한 지도인 인간의 두뇌에 대한 배선도를 보여준다고 상상해보라. 이 배선도를 사용하면 기계적인 뇌를 만들 수 있다.

예를 들어, 그 모델이 장기 기억과 단기 기억 사이의 관계와 같은 인지 과정을 이해하는 데 도움이 될까? 문제는, 작동하는 모델을 가지고는 있지만 우리가 원하는 방식으로 모델을 이해하지 못한다는 데 있다.

선충 線蟲

사실, 우리는 카에노르하브디티스 엘레강스라고 불리는 선충의 신경계 전체에 대한 배선도를 가지고 있다. 이 벌레는 생물학적으로 놀라울 정도로 잘 알려져 있다. 2002년 시드니 브레너Sydney Brenner, 로버트 호비츠H. Robert Horvitz, 존 설스턴John E. Sulston은 완전히 성숙한 벌레약 1밀리미터 길이가 DNA로부터 어떻게 발전하는지를 밝혀내 노벨 생리학상을 수상했다.

진정한 행동의 이해

선충 카에노르하브디티스 엘레강스를 이해하는 데 있어서 이러한 최근의 진보는 생물학의 기초다. 단일 세포에서 성숙한 유기체로 가는 발전 경로는 대규모 복합적 상호작용을 포함한다.

그래서 우리가 배선도를 기초로 선충을 만들기로 결정했다고 하더라도, 선충인 카에노르하비티 엘레강스의 행동의 기초가 되는 제어 메커니즘에 대해 우리가 이해하는 데에는 여전히 큰 간극이 있을 것이다.

묘사 수준 줄이기

상세한 배선도에 기초한 설명에 관한 문제 중 하나는 설명 수준이 너무 세밀하여 유용하지 않다는 것이다. 하지만 인지 과정을 설명하기 위한 적절한 개념상의 어휘는 무엇일까? 뉴얼과 사이먼의 가설을 탐구하는 과정에서 고전적 인공지능은 상징적 표현을 조작하는 컴퓨터 프로그램의 관점에서 인지를 설명하는 것을 목표로 한다.

문제 단순화

초기 인공지능 연구에서 드러난 열정은 사실 문제가 예외적으로 어렵다는 깨달음에 의해 누그러졌다. 예를 들어, 1950년대에는 기계 번역이 문제없고 실행 가능한 제안이 될 것이라고 처음에는 생각했다.

1963년, 기계 번역 연구에 2천만 달러를 지출한 후, 미국 자금조달 기관은 다음과 같이 결론을 내렸다.

"유용한 기계 번역에 대한 즉각적이거나 예측 가능한 전망은 없다." - 국립 과학 아카데미 국가 연구 위원회, 1963년.

어려운 문제에 직면하게 되면 인공지능 연구는 종종 그것을 단순화하는 것으로 시작할 것이다. 두 가지 종류의 단순화가 자주 이루어진다.

분해 및 단순화

다행히도, 인지적인 뇌의 기능은 분해될 수 없는 복잡한 곤죽과 같은 형태는 아니다. 많은 사람들은 우리의 두뇌가 상호 연결된 서브컴퓨터 세트처럼 구성되어 있다고 주장해왔다. 이들 서브컴퓨터 중 일부는 독립적으로 작동하는 것으로 보이는데, 이는 인공지능의 입장에서는 희소식이다. 1980년대에 심리학자인 제리 포더Jerry Fodor는 마음이 주로 직무에 특화된 모듈세트로 구성되어 있다고 제안했다.

뮬러-라이어Muller-Lyer 착각을 생각해보라. 선 1과 선 2는 길이가 같지만, 선 2는 선 1보다 긴 것처럼 보인다. 비록 우리가 두 선의 길이가 같다는 것을 말해주는 지식을 가지고 있지만, 두 화살표에 대한 우리의 인식은 이 정보를 알고 있는 것은 아니다. 우리의 인식 '모듈'은 이 지식과는 독립적으로 작동하고 있음이 틀림없다.

모듈 기반

그래서 만약 우리가 마음의 모듈화를 가정한다면, 모듈 하나하나를 대상으로 그것이 만들어질 수 있는 정도로 이해하려고 노력함으로써, 인지 능력을 이해하고 구현하려는 인공지능의 목표를 향해 모듈 단위로 나아갈 수 있다. 오염된 현실 세계에 인지 모델을 적용하는 대신, 단순화된 가상 세계를 구성하는 것이 훨씬 더 간단하다. 마이크로 월드Micro-World는 아주 단순한 가상 세계이다.

마이크로 월드

전형적인 마이크로 월드는 색깔블록, 피라미드 및 기타 기하학적 입체물로 구성된 3차원 세계인 블록 월드이다.

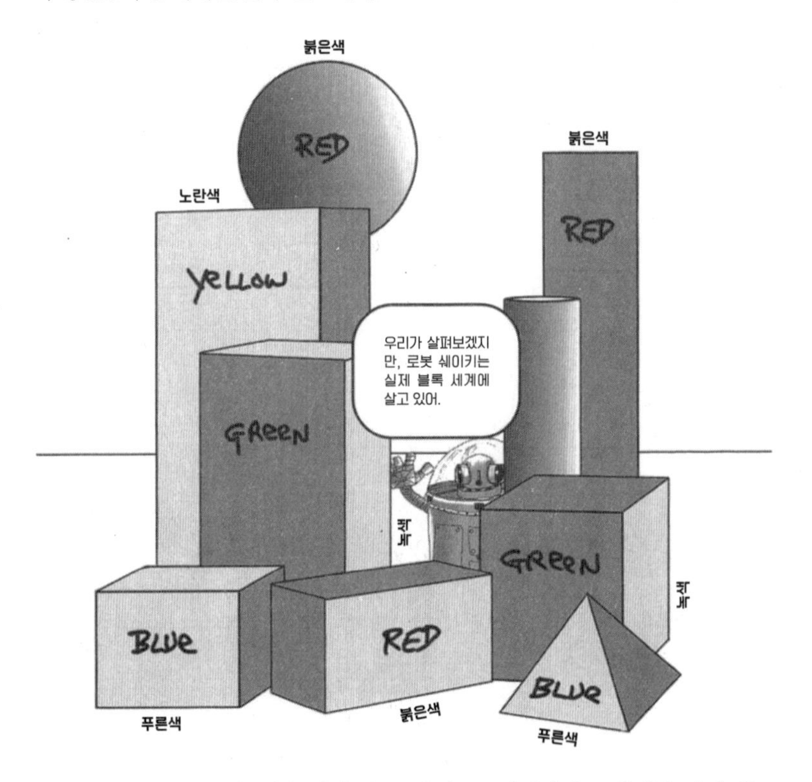

다른 인공지능 프로그램은 가상 블록 세계, 즉 컴퓨터가 모델링한 세계 안에서 작동한다. 마이크로 월드에서 작동할 수 있는 기계를 만듦으로써, 같은 종류의 기계가 보다 복잡한 환경에서 작동하도록 일반화될 수 있기를 바란다.

초기 성공 : 게임

체커[35]와 체스와 같은 게임은 인공지능 프로그램을 위한 실제 작업 환경을 제공한다. 이러한 게임을 하는 데 필요한 역량은 극도로 전문적이다. 게임이 제공하는 마이크로 월드는 엄격한 규칙, 복잡하지 않은 환경, 그리고 예측 가능한 결과다. 인공지능은 이러한 특성을 잘 활용하며, 결과적으로 게임을 하는 기계는 매우 성공적이다.

자체 개선 프로그램

경험을 통해 학습한 결과, 이 프로그램은 빠르게 개선되었고 곧 체커스 챔피언을 물리친다. 인간 챔피언은 1965년 패배 후에 다음과 같이 말했다.

인간에 대한 기계의 승리는 널리 인용되고 있으며, 그럴 만한 이유가 있다. 이것은 중요한 교훈을 제시한다. 인공 에이전트의 능력이 설계자의 능력에 의해 제한되는 것은 아니라는 것이다. 새뮤얼의 프로그램은 그보다 체커를 더 잘한다.

내부적으로 게임 구현하기

대부분의 게임 플레이 기계는 게임 트리라고 불리는 상징적인 표현을 구성함으로써 작동한다. 게임 트리는 시작점부터 게임이 전개될 수 있는 모든 가능한 방법을 상세하게 서술한다. 표현은 상징적이다. 그것은 흰 말을 나타내기 위해 기호를 사용할 수도 있고, 검은 말을 나타내기 위해 다른 기호를 사용할 수도 있다.

트리가 나타낼 수 있는 가능한 두 가지 경로가 있다. 이 두 경로는 가능한 두 가지 게임을 나타낸다.

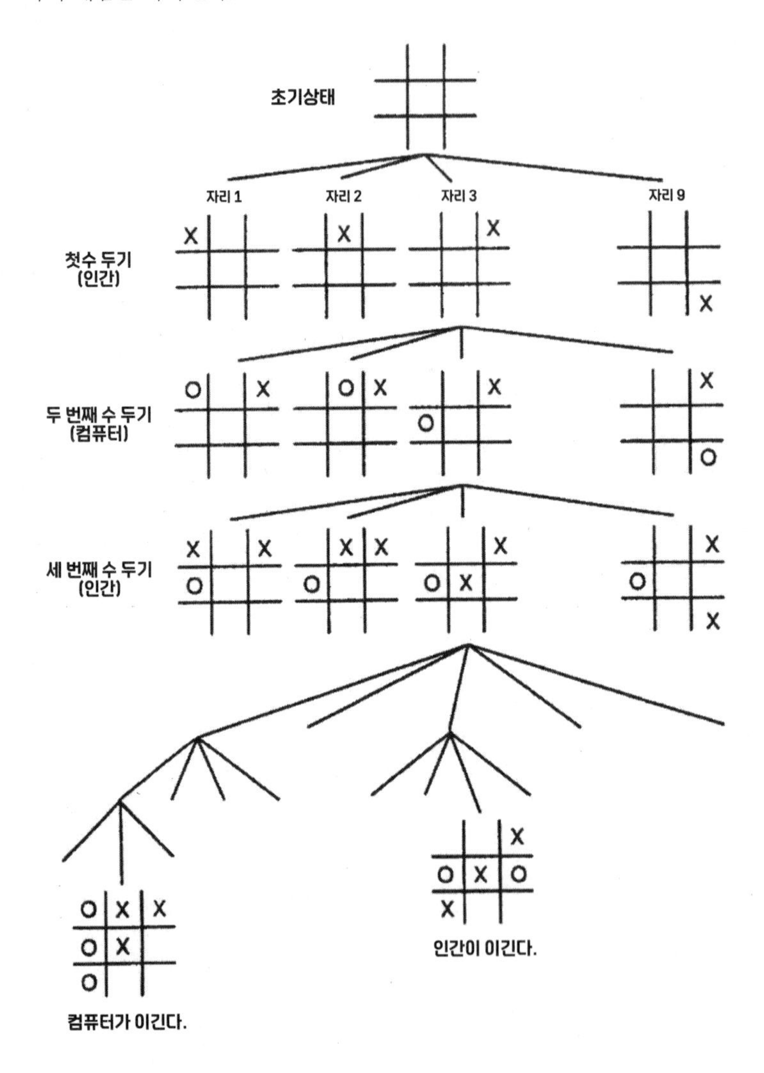

인간과 달리, 컴퓨터는 쉽게 게임 트리를 만들고 메모리에 저장할 수 있다. 이러한 내부 표현 방식을 사용하여, 컴퓨터는 게임에서 둘 수 있는 수순의 정확한 결과를 미리 알 수 있다.

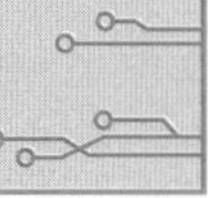

무차별 대입 '검색 공간' 탐색

틱택토Tic-tac-toe는 그다지 까다롭지 않다. 대부분의 사람들은 그들이 간단한 전략을 채택함으로써 최소한 무승부를 보장할 수 있다는 것을 곧 깨닫는다.

전체 게임 트리를 생성함으로써 컴퓨터는 항상 다음 수를 보고 올바른 결정을 내릴 수 있다. 즉 승패를 장담할 수 있다. 가능한 게임이 어떻게 전개되는지 전부 볼 수 있게 되면, 놀랄 만한 요소는 사라진다.

무한한 체스 공간

틱택토 게임에서 선택 가능한 모든 공간은 체스의 게임 수에 비하면 무시할 수 있을 정도에 불과하다. 세계 최고의 체스 거장 중 한 명인 개리 카스파로프는 이러한 어려움을 완벽하게 표현했다.

체스의 경우, 적당한 수의 움직임도 기대하기 어려워진다. 조합의 수가 너무 많아져서 예상할 수도 없게 된다. 체스의 게임 트리는 컴퓨터의 저장장치는 말할 것도 없고 우주 공간에도 들어갈 수 없을 정도다.

직관 활용

체스에서는 이기기 위한 판의 위치가 게임 트리 깊숙한 곳에 자리한다. 체스를 두는 컴퓨터는 검색을 통해 이러한 위치에 도달할 수 없다. 시간이 너무 오래 걸릴 것이다. 대신, 그들은 특정한 몇 수를 예상한다. 주어진 판의 위치가 얼마나 유리한지를 반영하는 척도를 사용하여 중간 위치를 순위 매기고 가장 좋은 위치를 선택한다.

이러한 전술적인 규칙은 직관이라고 불리며 모든 인공지능 시스템에 나타난다. 직관은 성공이나 정확성을 보장하지는 않지만 근사치를 제공한다. 직관은 보다 철저하고 정확한 방법을 활용하기 어려울 때 사용된다.

딥 블루

인간을 상대로 한 가장 전설적인 기계의 승리는 1987년에 일어났다. IBM의 맞춤형 체스 컴퓨터 딥 블루는 세계 순위가 가장 높았던 게리 카스파로프를 물리쳤다. 이것은 인공지능에 있어서 획기적인 사건이었다.

진척 부족

체스 게임을 하는 컴퓨터는 기계화된 인지의 문제를 거의 밝혀내지 못했다. 그들은 부끄러움을 느끼지 못한 채 초당 수억 번의 움직임을 고려하는 기계의 능력에 의존한다. 카스파로프는 초당 최대 세 번의 움직임만 검토할 수 있었다. 딥 블루는 두뇌가 아닌 무차별적인 힘으로 이겼다.

딥 블루를 성공이라고 선전하는 것은 인공지능이 자발적으로 나서서 인간의 인지에 근접한 어떤 것을 복제하는 데 있어서도 진전이 없음을 인정하는 것과 같다.

우리 세상은 틱택토보다는 체스에 가깝다. 우리는 너무 먼 미래를 결코 계획할 수 없다. 우리가 일상생활에서 이용할 수 있는 가능성의 수는 고려하기에 너무 많다.

논리와 사고

지식이 공식화될 수 있다는 생각은 새로운 것이 아니다. 수세기 동안 사고 행위는 논리적인 추론에 근거한 계산으로 여겨져 왔다. 뉴얼과 사이먼의 물리적 기호 체계 가설은 철학자 토마스 홉스Thomas Hobbes, 1588~1679의 연구에 뿌리를 두고 있다.

뉴얼과 사이몬의 물리적 기호 체계 가설에서 상징이 기본인 것처럼 홉스의 '꾸러미'[37]는 사고의 기본 단위였다.

홉스의 사상은 수학자이자 철학자인 라이프니츠Gottfried Wilhelm Leibniz, 1646~1716에 의해 더욱 발전되었다. 라이프니츠는 인간에게 알려진 모든 사실을 이러한 언어로 적는 것을 상상했는데, 그는 그것을 '보편문자'라고 불렀다.

논리적인 추론을 위해서는 논리적인 언어로 묘사된 문장의 조작이 필요하다. 이런 문장들은 세계의 상태와 같은 개념들을 표상하는 것, 혹은 지식으로 해석될 수 있다. 컴퓨터를 이용해 이 과정을 자동화한 인공지능은 '사고로서의 논리'라는 아이디어를 취하고 그 위에 그 과정을 구축했다.

CYC 프로젝트와 취약점

비록 많은 사상가들이 논리와 생각의 관계를 탐구했지만, 인공지능 연구원이자 CYC 프로젝트의 책임자인 더그 르낫만큼 대담하게 그들의 아이디어를 엔지니어링 프로젝트로 전환한 사람은 거의 없다. 1984년에 시작된 CYC 프로젝트는 상식적인 지식을 가진 기계에 투자한다는 목표에서 타의 추종을 불허한다. 르낫은 이 프로젝트를 "인류가 대규모 온톨로지 공학에 처음으로 진출하는 것"이라고 설명한다. 이 20년에 걸친 프로젝트에 수백만 달러가 투입되어 1억 개 이상의 사실을 수집했다.

CYC의 목적은 우리 모두가 공유하는 상식적인 지식의 배경을 코드화함으로써 취약성의 문제를 완화하는 것이다. 이 일의 난이도에 대해 르낫은 다음과 같이 말한다.

일부는 르낫의 프로젝트와 라이프니츠의 프로젝트 사이에서 유사점을 끌어냈다. 세계에 대한 우리의 개념의 많은 부분이 정말로 어떤 형식적인 논리 언어로 포착될 수 있을까? 나중에 알게 되겠지만, 세계에 대한 우리의 암묵적인 지식이 공식화될 수 있다는 생각은 논란의 여지가 있다.

CYC 프로젝트가 성공할 수 있을까?

CYC 프로젝트는 마지막 단계로 접어들고 있으며, 르낫은 50%의 성공 가능성을 예측하고 있다. CYC 프로젝트 성공의 실질적인 이점 외에도, 이론적 목표는 뉴얼과 사이먼의 가설을 시험하는 것이다. 상식은 상징적 표현을 사용하여 공식화하고 자동화할 수 있는 것인가?

논리 기반 시스템의 부적절성에 대해 반복적으로 정당화하려는 것은 '단 하나의 규칙만 더'라는 방어 형태다. 사업 전반에 대해 의문을 제기하기보다는, 홉스로 거슬러 올라가는 공식화된 지식의 강력한 아이디어를 고수하는 경향이 있다.

인지 로봇
: 쉐이키

자율 이동 로봇인 쉐이키는 여러 인공지능 기술을 성공적으로 결합할 수 있었던 대표적인 사례다. 엘시와는 대조적으로, 쉐이키는 많은 일들을 하고 있다. 쉐이키는 컴퓨터에 의해 조종된 최초의 로봇이었다. 1960년대 말에 스탠포드 연구소에서 만든 쉐이키는 냉장고 크기 정도이며 작은 바퀴에 의해 움직인다.

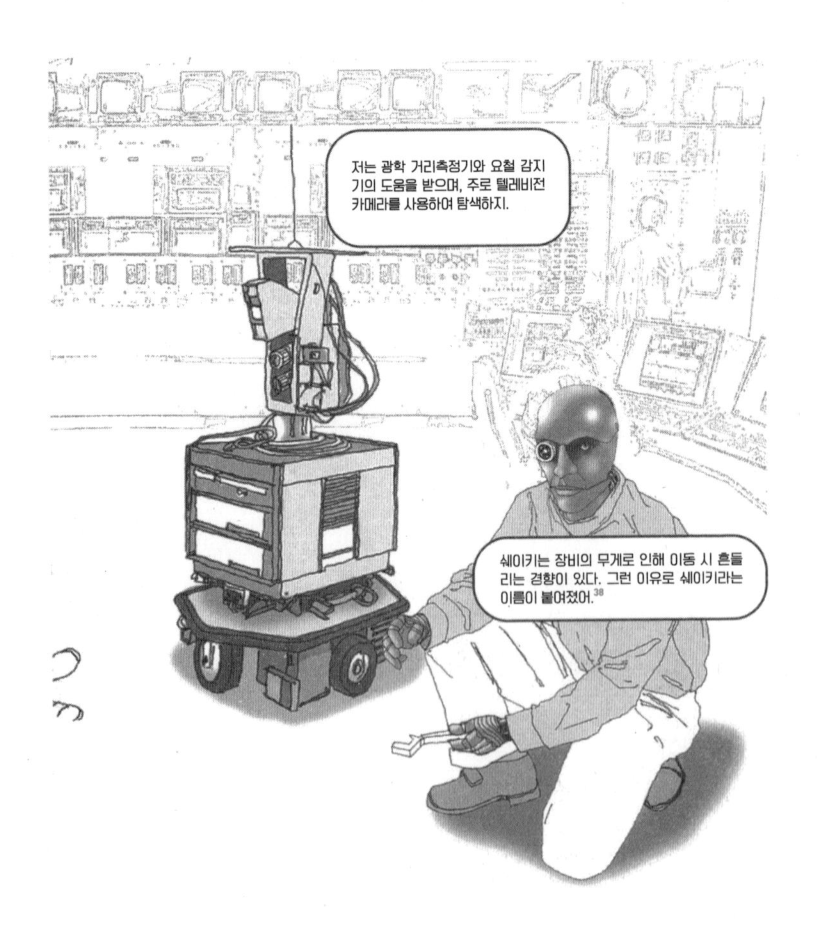

쉐이키의 환경

쉐이키는 호텔의 스위트룸처럼 복도로 연결된 몇 개의 방들로 구성된 단순화된 환경에서 생활한다. 그 방들은 비어 있었고 상자 같은 물건들만 들어 있었다.

환경이 제한적이기 때문에 쉐이키는 기계 시각 시스템을 사용하여 블록의 위치를 안정적으로 파악할 수 있었다.

감지-모델-계획-실행

쉐이키의 설계는 에이전트를 네 가지 기능적 구성 요소로 구분해야 한다는 기존의 관점을 반영했다. 이 모델은 감지-모델-계획-실행 사이클을 중심으로 진행된다. 먼저, 에이전트가 주변을 샅샅이 뒤진다. 그런 다음 감지된 입력 정보에 기초하여 공간이라는 모델이 구성된다. 그런 다음 이 모델을 사용하여 에이전트가 전제 공간에서 행동을 수행하는 방법을 안내하는 계획을 구성할 수 있다.

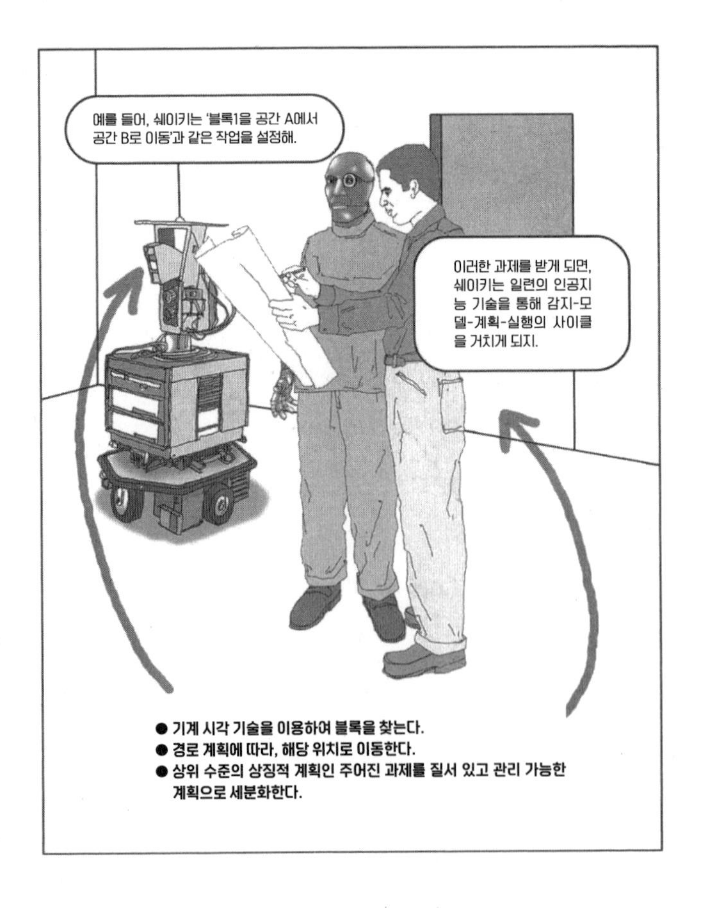

계획의 제한

계획에 따라 블록을 이동시킴으로써 쉐이키는 자신의 목표를 달성할 수 있다. 예를 들어, 다른 블록 위에 있는 블록을 옮기기 위해 경사로 역할을 하는 쐐기를 설치해야 하는 계획이 있을 수 있다. 무게 때문에, 쉐이키의 바퀴는 미끄러지기 쉬웠고, 그 결과 그는 부정확하게 돌아다니게 되었다.

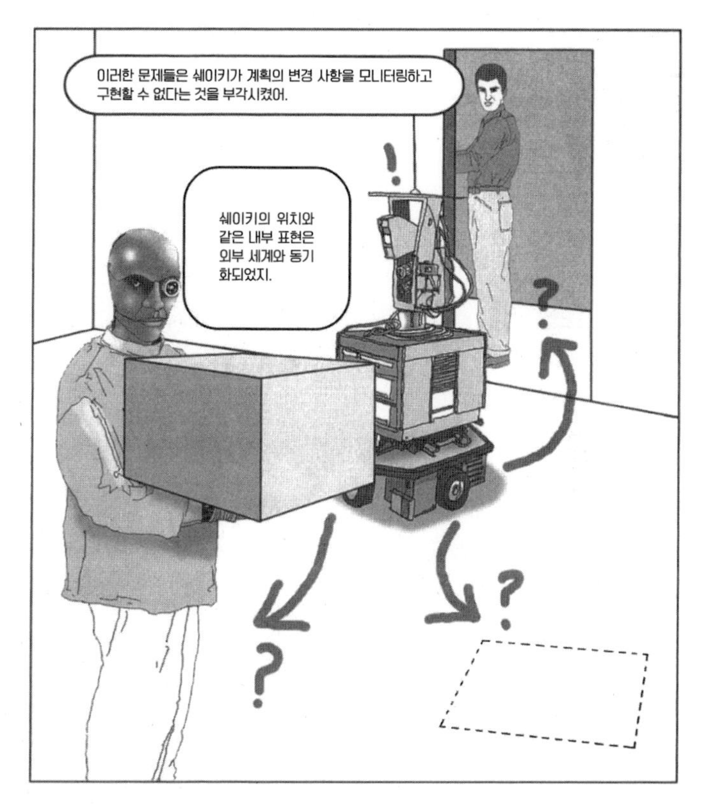

그러한 계획 설계는 획일적이었다. 계획이 실행에 옮겨진 후, 쉐이키는 현실 세계의 피드백을 대체로 무시했다. 예를 들어, 만약 누군가가 쉐이키가 관심을 가졌던 블록을 몰래 제거한다면, 그는 매우 혼란스러워할 것이다.

신형 쉐이키

쉐이키의 문제를 보완하기 위한 노력은 개선으로 이어졌다. 보다 정확한 동기화를 달성하기 위해 낮은 수준의 이동 모니터링이 도입되었다.

쉐이키의 한계

쉐이키에 적용된 설계를 염두에 두지 않고, 여러 하위 시스템들의 통합을 통해 인상적인 성과를 낼 수 있었다. 인지에서 모델링, 계획 및 실행, 마지막으로 오류 복구에 이르는 전체 과정은 이전에는 수행된 적이 없었던 시도다.

기계 시각 시스템은 무엇을 예상해야 하는지 알고 있었고, 계획 시스템은 블록의 움직임만 다루면 되었다.

더 복잡한 환경이 주어진다면, 쉐이키의 기술은 대처할 수 없을 것이다.

쉐이키의 세계가 단순하게 유지되고 있다는 점을 고려하면, 이러한 문제들은 더 복잡한 환경에 직면했을 때 더 커질 것이다.

컴퓨터가 프로그램을 실행하는 비유를 사용하여, 고전적인 인공지능은 상징적 표현의 조작이라는 관점에서 인지를 설명하려고 한다. 프로그램이 데이터를 조작하는 것과 같은 방식으로 마음은 상징적인 표현을 조작한다.

연결주의[39]는 1980년대에 인기를 얻었고 종종 인공지능에 대한 고전적이고 상징적인 접근으로부터 근본적으로 벗어난 것으로 묘사된다. 연결주의는 마음의 과정을 컴퓨터 프로그램처럼 보기보다는 마음의 과정과 뇌의 과정의 유사점을 끌어낸다.

생물학적 영향

만약 우리가 인지능력을 지원하는 생물학적 체계를 살펴본다면, 뉴런의 집합으로부터 만들어진 다양한 크기의 뇌를 볼 수 있다.

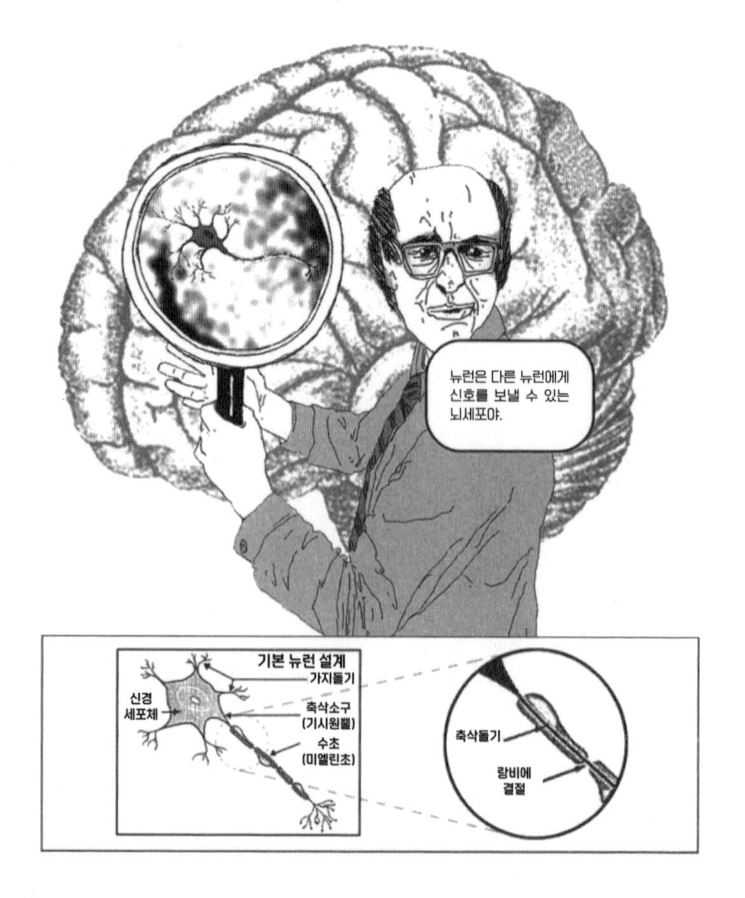

인간의 뇌는 약 1천억 개의 뉴런을 가지고 있다. 그리고 각각의 뉴런들은 평균적으로 케이블과 같은 구조인 축삭돌기라 불리는 약 만 여개의 다른 뉴런과 연결되어 있다.

신경 계산

앞에서 살펴보았듯이, 뉴런의 집합은 계산 장치 역할을 할 수 있다. 맥컬록과 피츠의 연구는 뉴런의 구성이 튜링 기계처럼 같은 종류의 계산을 할 수 있다는 것을 말해준다.

신경망

연결주의자 모델은 보통 신경망이라고 불리는 인공 신경망의 형태를 취한다. 신경망은 어떤 계산을 수행하기 위해 구성된 인공 뉴런의 그룹이다. 신경망은 점점 더 유명해지고 있다.

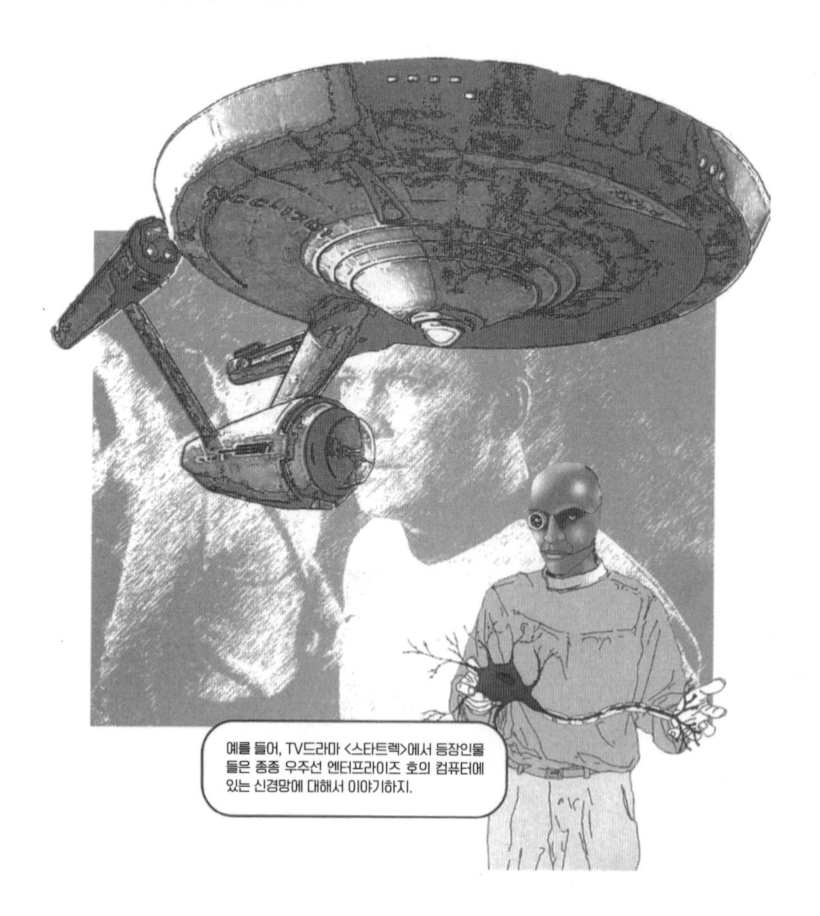

신경망의 해부학

신경망은 활성화 단위라고 불리는 생물학적 뉴런의 단순화된 형태로 구성되어 있다. 활성화 단위에는 입력 연결 세트와 출력 연결 세트가 있다. 이러한 연결을 통해 축삭돌기에 의해 수행되는 작업이 실행된다.

생물학적 신뢰성

신경망은 실제 뇌에서 발견되는 신경망의 고도로 추상화된 유형이라는 사실은 간과되는 경우가 많다. 활성화 단위는 실제 뉴런과 유사하다.

하지만 놀랍게도, 인공 신경망은 실제 신경망을 최대한 단순화한 것임에도 불구하고, 생물학적 신경망과 기본적으로 속성이 비슷하다.

병렬 분산 처리

컴퓨터는 두뇌보다 빠르다. 컴퓨터 프로세서가 사용하는 기본적인 구성 요소는 생물학적 뉴런보다 훨씬 더 빠르다. 가장 빠른 뉴런은 초당 1,000개의 신호를 전송할 수 있다. 하지만 전기 회로는 이보다 약 백만 배 더 빨리 작동할 수 있다.

병렬 대 직렬 계산

대부분의 디지털 컴퓨터는 직렬로 계산한다. 예를 들어 (1+4)+(4×8)의 결과를 계산하기 위해, 직렬 컴퓨터는 먼저 (1+4) 계산하여 그 결과인 5를 얻고, 그 다음에는 (4×8)을 계산하여 32를 얻는다. 그리고 나서 이 둘을 합치면 37이 된다. 계산은 연속적으로 수행되는 일련의 하위 계산으로 구분된다. 병렬 계산은 (1+4)과 (4×8)을 동시에 계산하여 계산을 수행하는 데 필요한 시간을 단축한다. 계산의 구성 요소는 병렬로 계산된다.

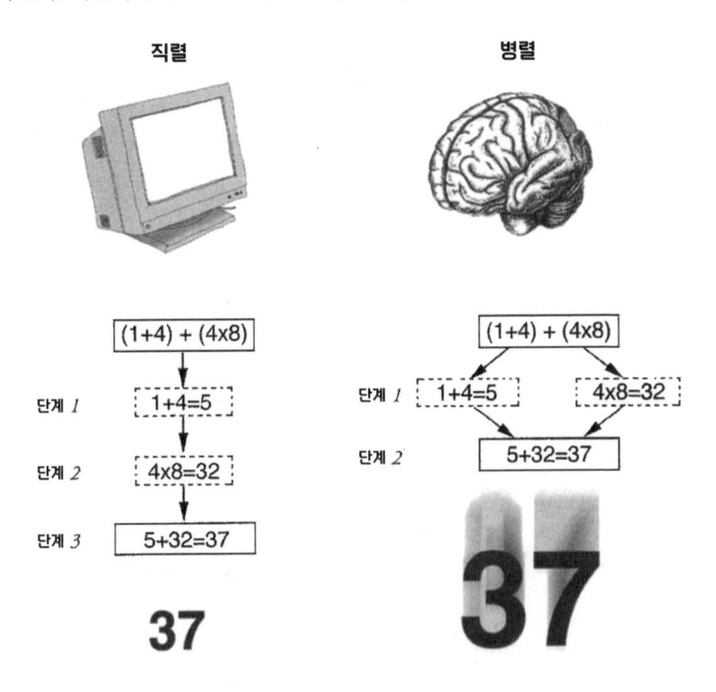

대부분의 컴퓨터는 직렬로 계산하는 데 반해, 두뇌는 엄청나게 병렬적이다. 이것이 뇌가 상대적으로 느림에도 불구하고 그렇게 빨리 처리할 수 있는 이유다. 신경망에 존재하는 병렬주의의 특성은 연결주의 모델을 매력적으로 만든다. 그들이 작업 처리를 수행하는 방식은 뇌가 계산하는 방식에 훨씬 더 가깝다.

강건성 및 점진적 성능 저하

컴퓨터의 주 처리 장치의 어떤 부분도 의도적으로 약간이라도 손상시키면 더 이상 작동하지 않는다. 전통적인 컴퓨팅 기계는 그다지 강건하지 않다. 대조적으로, 약간의 뇌가 손상되더라도 누군가를 사망에 이르게 하는 결과를 낳지는 않을 것이다. 심지어 아무 영향도 미치지 않을 수도 있다. 사실, 노화 과정 자체는 뉴런이 일상적으로 죽는 것을 의미한다.

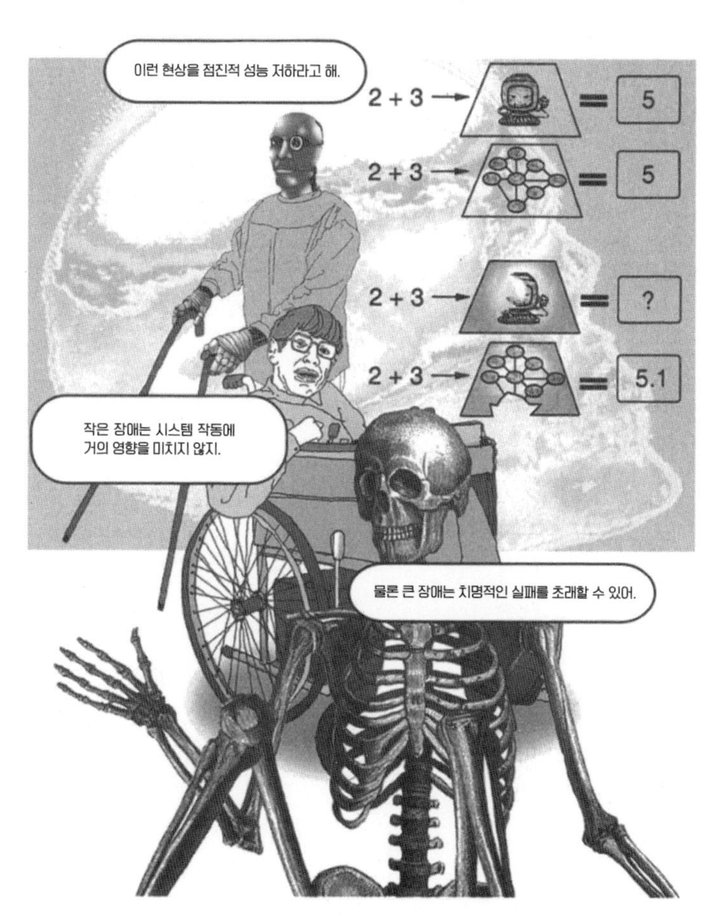

중요한 점은 성능 저하의 정도가 어떤 의미에서는 시스템의 손상 정도에 비례한다는 것이다. 신경망은 각각의 뉴런이 별도의 프로세서로 작동하기 때문에 정확하게 이러한 패턴으로 나타난다.

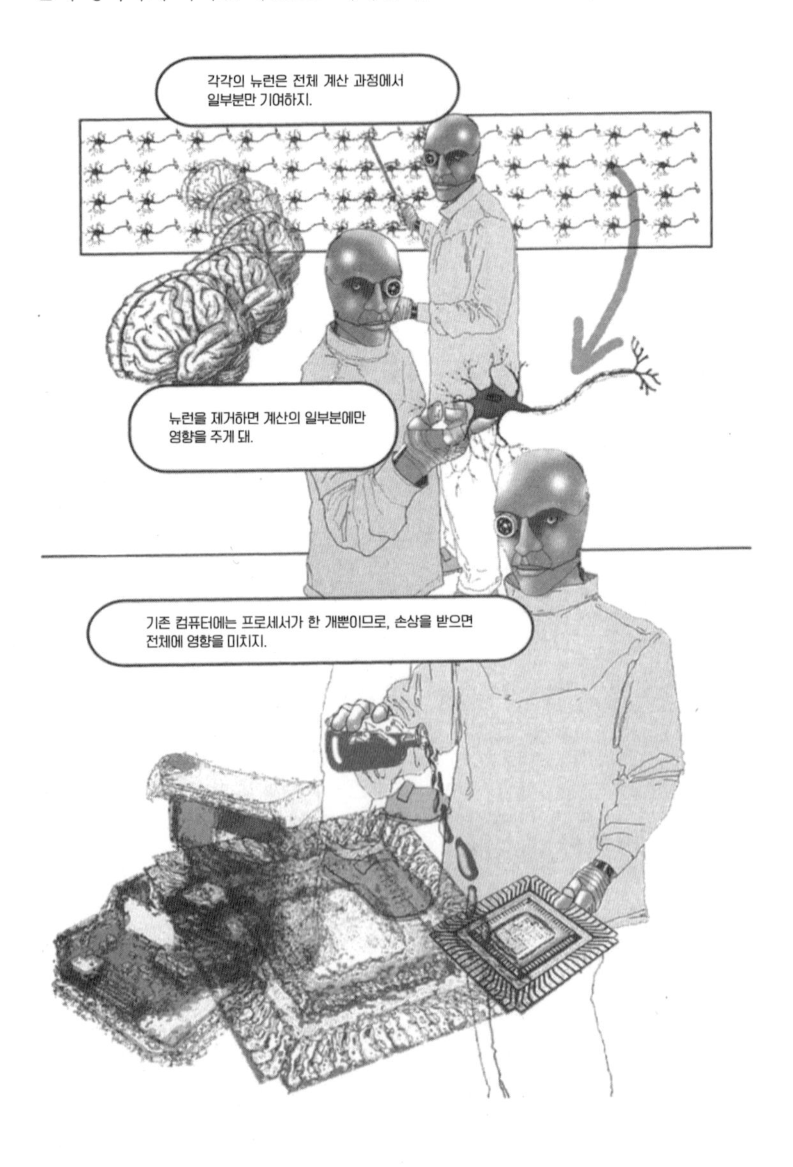

머신러닝과 연결주의

머신러닝은 고전적인 인공지능의 한 분야로 상징적 접근법과 연결주의를 모두 아우르고 있다. 여기서 학습 모델은 환경이 제공하는 정보를 고려하여 자신을 개선시키는 에이전트의 능력에 주목한다. 종종, 연결주의 시스템의 학습 능력은 그것의 결정적 특징 중 하나이자 인공지능 연구자들에게 가장 매력적인 특징으로 인용된다.

그러나 중요한 것은, 상징적인 접근법도 학습에 매우 적합하다는 것이다. 학습에 관한 신경망적 접근의 의의는, 그것이 긴 연구 역사에 인공지능에 관한 이러한 핵심적인 관심을 도입했다는 것이다.

신경망 학습

신경망 학습 메커니즘을 사용하여 매우 다양한 문제들이 해결되었다. 이전 경험에 기초하여, 신경망은 활성화 단위 사이의 연결 강도를 변경하여 경험 패턴 간의 연관성을 학습하도록 훈련될 수 있다. 예를 들어, 신경망은 다음과 같은 문제를 해결하는 데 사용되었다.

주택담보대출 결정

당신이 담보대출을 신청할 때, 그 결정은 신경망 분석 결과에 따라 달라질 수 있다.

수중음파 탐지기의 음파 분류

발성법 학습

넷톡NETTalk이라는 신경망은 단어의 구성 요소인 음소로부터 음성 사운드를 생성하는 방법을 배운다.

체커 두기

신경망은 체커 게임을 할 수 있도록 훈련되어 왔어, 기호적 접근 방식을 사용하여 전통적으로 문제를 해결하는 인공지능 분야에서는 고전적인 문제지.

로봇 두뇌

많은 로봇들은 모터로 이동할 때 센서 판독에 어떻게 반응해야 하는지를 제어하기 위해 신경망에 의존하지. 장애물을 피하는 방법을 학습하는 것이 그러한 사례에 해당돼.

국소 표상

기호적인 표현은 고전적인 인공지능의 핵심이다. 기호 시스템에서 정보의 단위는 모델에 의해 이리저리 이동되고 작동된다.

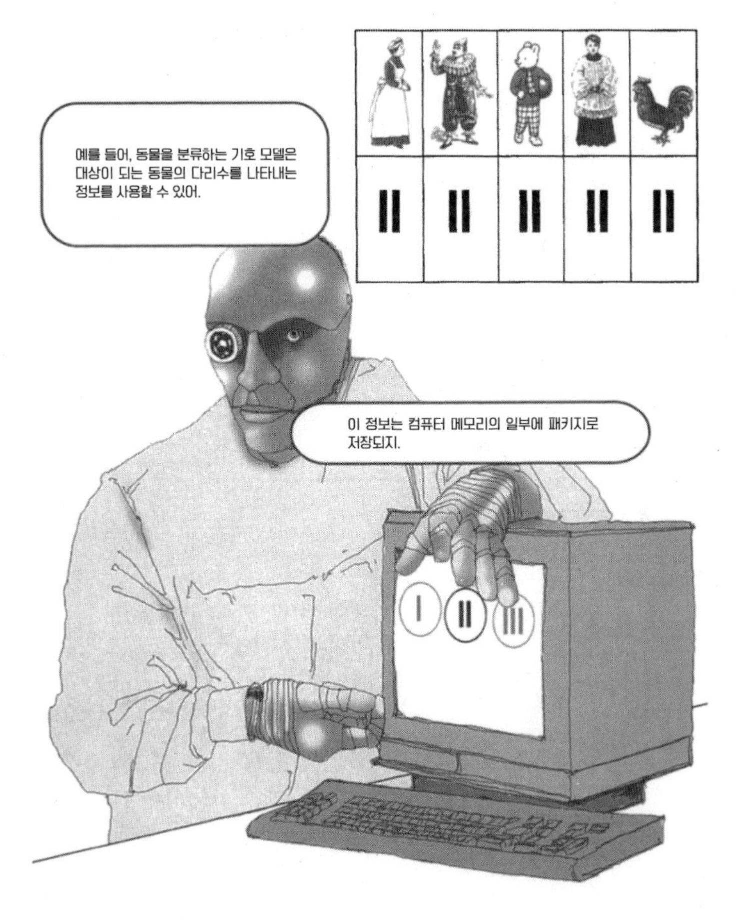

동물의 다리 수에 대한 정보가 특정 위치에 있는 패키지에 함께 보관되기 때문에 이러한 종류의 표현을 국소표상이라고 한다.

분산 표상

신경망에 의해 수행되는 정보 처리의 종류는 기호 시스템에서 발견되는 정보 처리와 본질적으로 다를 수 있다. 표상은 종종 처리가 분산될 수 있는 것과 같은 방식으로 분포된다. 분산 표상은 특정 영역으로 지역화되거나 원자 단위로 구성되지 않고 네트워크 전체에 분산된다.

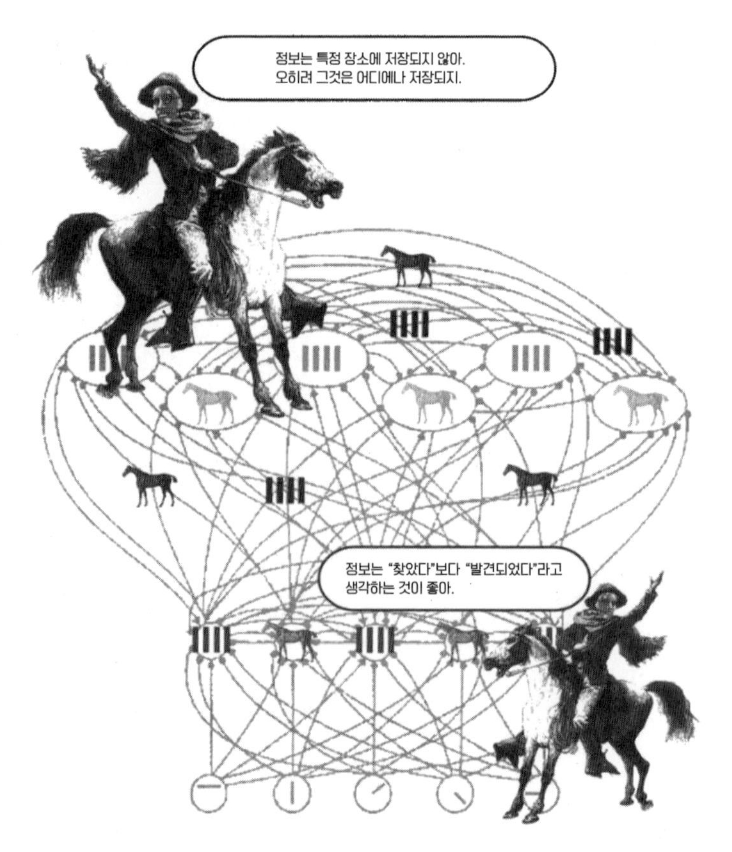

물론 신경망 자체는 원자 단위, 즉 인공 뉴런에서 만들어지지만, 설계자는 이러한 단위를 사용하여 그 자체로 어떤 것도 표현하지 않는다.

복합 활동

그래서 분산 표상에서는, 단일 뉴런이 후보 동물의 다리수를 나타내는 역할을 할 것 같지는 않다. 대신, 다리의 수는 많은 뉴런에 걸쳐 있는 복합적인 활동 패턴으로 표현된다. 이러한 뉴런들 중 일부는 시스템의 다른 특성을 나타내는 역할을 할 것이다.

분산 표상 해석

일반적으로 국소 표상과 같은 방식으로 분산 표상의 일부를 손가락으로 가리켜 특정 정보 항목을 찾을 수는 없다.

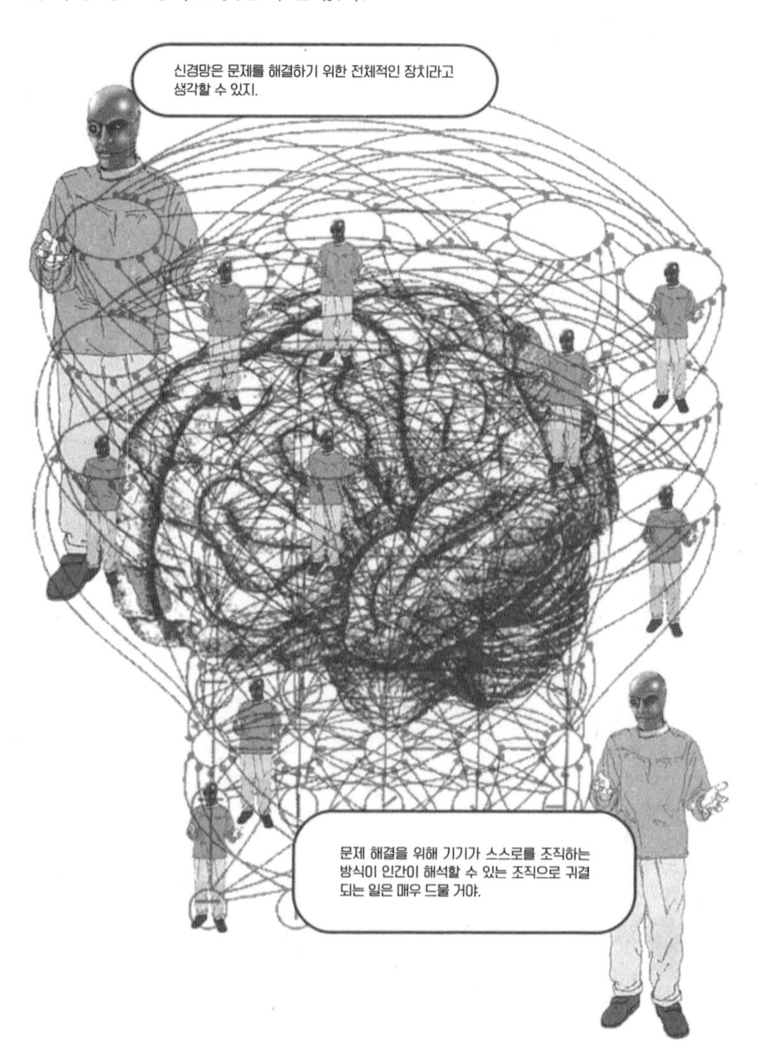

연결주의는 종종 인공지능 혁명으로 묘사된다. 즉, 오래된 문제에 관한 새로운 아이디어들이 쏟아져 나오고, '훌륭한 구식 인공지능'이 시기적절하게 대체된다. 역사적으로 연결주의와 기호적 인공지능은 모두 인공지능에 대한 초기 작업에 뿌리를 두고 있다. 맥컬록과 피츠와는 독립적으로 앨런 튜링은 인공 뉴런의 집합이 컴퓨터 장치로서 작용하는 아이디어를 고려했다.

기호적 인공지능이 그렇게 오랫동안 선택의 개념적 어휘로 자리 잡게 된 것은 역사적 사건이었다. 최근 경쟁 진영 간의 다툼에도 불구하고, 대부분의 사람들은 이제 두 가지 접근법이 서로를 보완한다는 데 동의할 것이다.

신경망이 생각할 수 있을까?

설의 중국어 방 논쟁은 오늘날 우리가 알고 있는 것처럼 컴퓨터는 무의미한 기호만 조작할 수 있다는 생각과 연결되어 있다. 기계는 조작하는 기호를 절대 이해할 수 없다. 설의 의견에 동의하든 동의하지 않든, 이 문제는 여전히 수수께끼다. 다만 연결주의가 이 논쟁에 기여할 수 있는 이유는 두 가지다.

중국 체육관

예상대로, 적응력이 뛰어난 설은 흔들림 없이 중국인 체육관의 비유로 응답한다. 설이 혼자 있었던 중국어 방 대신, 그는 중국어를 하지 못하는 사람들이 가득 찬 체육관을 상상하는데, 여기서 한 명 한 명은 신경망을 구성하는 각각의 뉴런에 해당한다.

하지만 중국 체육관은 전체가 부분의 합보다 더 많을 수 있다는 것을 보여주는 예시가 된다. 하위 기호 체계에서, 원자 단위와 뉴런, 그리고 다른 뉴런과의 구조화된 관계는, 개별적으로 큰 역할을 하지 않는다. 집단이 전체적으로 보여야 분산 표상이나 인지와 같은 개념을 논의하기 시작할 수 있다.

기호 접지 문제

설의 주장은 기호는 어떤 의미로도 조작될 수 없다는 것과 관련이 있다. 기호 그 자체로는 마치 전통적인 컴퓨터의 경우 전기 활동의 패턴에 의해 실현되는 것처럼 무의미한 형태이다. 우리가 기호에 부여하는 어떤 의미도 우리 머릿속에 있는 의미에 기생한다.

허나드는 특히 상징적인 시스템과 결합되었을 때 연결주의를 이러한 접지를 달성하기 위한 좋은 대안으로 본다.

기호 접지

첫째, 영어를 모국어로 하는 사람이 중국어-중국어 사전만 가지고 중국어를 배운다고 상상해보라. 허나드는 이것을 암호학자가 암호를 푸는 것에 비유한다.

순환에서 벗어나기

당신은 중국어-중국어 사전의 도움만으로 중국어를 모국어로 배울 수 있습니까? 허나드는 이것을 상징적인 회전목마에 비유한다.

어떻게 기호가 다른 무의미한 기호들에 의해 근거할 수 있을까? 기호에 의미를 부여하는 문제의 일부를 해결하기 위해서는 무의미의 순환에서 벗어나야 한다.

허나드는 하위 기호 연결주의 시스템 위에 위치한 고전적인 기호 시스템을 상상한다. 중요한 것은, 연결주의 시스템은 센서를 통해 외부 세계에 기반을 둔 입력을 가지고 있다는 점이다. 이러한 방식으로 기호적 표상은 더 이상 다른 시스템의 관점에서 정의되지 않고 대신 시스템의 감각 표면과 직접 연결되는 상징적 표현과 관련이 있다.

감각적 이미지를 제공하는 것은 연결주의 시스템이다. 기호와 연결주의 시스템을 결합함으로써, 허나드는 우리가 설이 논의하는 무의미한 기호의 폐쇄된 세계에서 벗어날 수 있다고 믿는다.

인공지능의 소멸?

사실, 인공지능에 대한 반세기 동안의 연구 끝에, 이 연구의 성과는 기대에 미치지 못했다. 의심할 여지없이, 우리는 인간의 인지 능력에 필적할 수 있는 기계를 만들 수 있다는 목표에도 접근하지 못하고 있다. 심리학자이자 철학자 제리 포더Jerry Fodor는 이 문제를 요약했다.

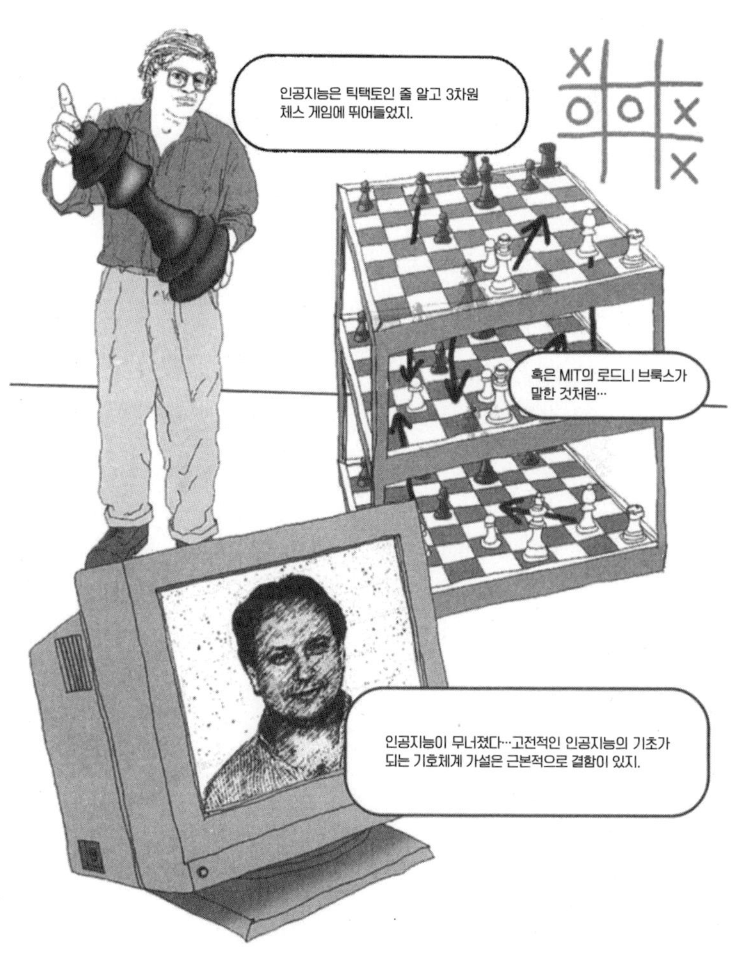

이 같은 발전의 부족은 인공지능 실무자들의 재고를 이끌어냈다. 현재 인공지능에 대한 접근법이 잘못된 것일까, 아니면 돌파구를 코앞에 둔 것일까? 많은 연구자들이 전자를 의심하고 인공지능의 방향을 바꾸려는 활동을 하고 있다.

"지적 에이전트가 실제 물리적 세계에 살고 있다는 사실을 인지적 패러다임이 무시한 것은 지능을 설명하는 데 있어 중대한 단점을 초래한다."

– 롤프 파이퍼와 크리스티안 쉬어

새로운 인공지능

"우리는 기계가 생각할 수 있는지 여부를 따지곤 했다. 대답은 '아니오'다. 생각하는 것은 컴퓨터, 인간, 환경을 포함한 완전한 회로이다. 마찬가지로, 우리는 뇌가 생각할 수 있는지 물어볼 수 있고, 다시 대답은 '아니오'가 될 것이다. 생각을 하는 것은 환경을 포함하는 시스템의 일부인 사람 안에 있는 두뇌이다."

- 그레고리 베이트슨

이러한 관찰로 인해 새로운 원칙이 채택되었다. 이 새로운 방향은 아직 완전히 완성되지 않았다. 일반적으로 사용되는 이름은 없지만 종종 '새로운 인공지능'이라고 불린다.

마이크로 월드는 일상 세계와 다르다

단순화된 마이크로 월드를 대상으로 이론을 평가하는 것은 인공지능 연구에 널리 퍼져 있는 관행이다. 여기서, 연구원들은 실제 환경에 있어서 두드러진 특성이라고 믿는 것을 가상 환경으로 추출한다.

"마이크로 월드는 세계가 아니라 고립된 무의미한 영역이며, 그것들이 결합되고 확장되어 일상생활의 세계로 도달할 수 없다는 것이 점차 분명해졌다."
– 휴버트와 스튜어트 드레이퍼스

전통적인 인공지능의 문제점

확장성

인공지능의 목표가 지능 작용의 일반 이론을 정립하는 것이라는 점을 감안하면, 이러한 확장성 부족은 일반 이론을 수립하는 목표와는 배치되는 단점이다.

강건성

많은 인공지능 시스템과 CYC 프로젝트[40]가 다루는 특징은 많은 시스템이 예기치 못한 상황에 잘 반응하지 못한다는 것이다. 인공지능 시스템은 종종 새로운 상황에 직면하게 될 것이다. 모든 상황을 충족시킬 만큼 강력한 시스템을 설계하는 것은 매우 어렵다. 반면에 인간과 동물은 이 문제로 고통 받는 일이 거의 없다.

실시간 작동

기존의 지능형 에이전트 설계의 기초가 되는 감지-모델-계획-실행 사이클은 막대한 양의 정보 처리로 이어진다. 환경의 변화에 반응하기 전에 감각 정보는 모델링, 계획 및 행동의 복잡한 과정을 통과해야 한다. 이 복잡한 정보 흐름의 고리는 세상을 따라잡는 것을 극도로 어렵게 만든다. 쉐이키는 이러한 현상의 좋은 예이다.

어떤 의미에서 지능 에이전트를 만드는 문제는 이미 해결되었다. 지구의 역사가 흐르는 45억 년 동안, 진화는 계속해서 그 문제를 해결해왔다. 포유류는 3억 7천만 년 전에 나타났다. 인간과 유인원의 마지막 공통 조상은 약 500만 년 전에 나타나기 시작했다.

짐승들이 주어진 환경에서 살아남은 다음 번식을 할 수 있었던 것처럼 진화는 기본부터 시작하여 수백만 년에 걸쳐 시스템을 한 층 한 층 쌓아 올렸다.

진화에 근거한 새로운 주장

MIT 로봇 공학자인 로드니 브룩스는 일단 기본이 갖추어지면 추론, 계획, 언어와 같은 '어려운' 작업이 더 쉽게 이해될 수 있다는 증거로 진화적 기초를 제시한다.

진화에 대한 우리의 지식을 인공지능에게 알려줄 수 있을까? 브룩스는 우리가 기계적인 인간을 만들기 전에 기본적인 기계 생명체를 만드는 것을 우선 목표로 삼아야 한다고 주장한다.

생물학으로부터의 논쟁

19세기부터 생물학자들은 유기체와 그 환경 사이의 친숙한 관계에 주목하고 연구를 지속했다. 그러나 인공지능 분야에 대한 생물학자들의 통찰력에 대해서는 거의 알려져 있지 않다. 예를 들어, 움베르토 마투라나Humberto R. Maturana와 프란시스코 바레라Francisco J. Varela의 연구에서, 개구리 눈의 망막에서 발견된 신경회로는 파리를 닮은 방울 같은 구조가 존재하는 곳에서 흥분하는 것으로 나타났다.

하지만 이것은 단순히 개구리의 일상 세계에 존재하는 그런 종류의 현상이 아니다.

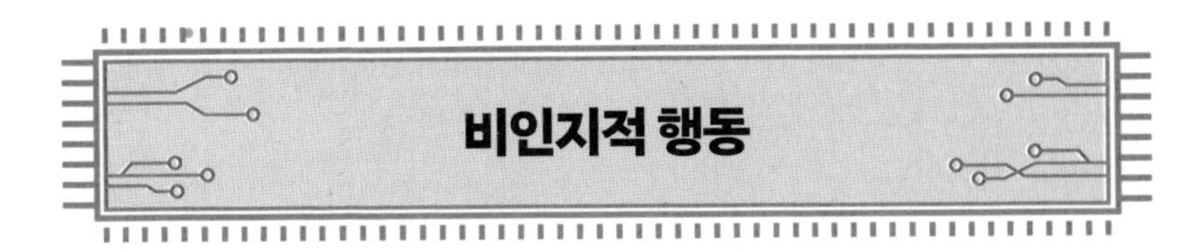

비인지적 행동

마투라나와 바레라는 먼저 개구리의 시야 상단 왼쪽 영역에 육즙이 많은 파리를 보여주며 이 점을 설명한다.

다음으로, 그들은 눈 전체를 180도 회전시킬 수 있도록 개구리 눈의 일부를 잘라낸다.

중요한 것은 개구리가 이런 행동을 지속할 것이라는 점이다. 파리를 잡으려는 시도가 성공하지 못했지만 이로부터 결코 행동을 고쳐서 적용하지는 못할 것이다.

이 이야기의 교훈은 개구리의 눈이 개구리가 파리를 잡기 위해 계획을 세우는 모듈에 정보를 제공하는 카메라 역할을 하지 않는다는 것이다.

대신, 마투라나와 바레라가 계속해서 보여주듯이, 파리 잡는 행동은 개구리의 뇌의 다른 부분에서에서 진행되는 과정과는 무관하게 망막 자체에서 해결되었다. 이 실험은 음식을 찾는 것과 같은 특정 행동이 높은 수준의 인지 과정과 무관하고 또 그럴 필요도 없이, 지각과 행동 사이의 긴밀한 결합을 통해 어떻게 실현되는지를 보여준다.

철학으로부터의 논거

인공지능의 중심에 있는 많은 개념은 우리가 보아온 데카르트, 홉스, 라이프니츠, 그리고 루드비히 비트겐슈타인Ludwig Wittgenstein, 1889~1951의 《논리철학논고》와 같은 철학자들의 작업에 뿌리를 두고 있다.

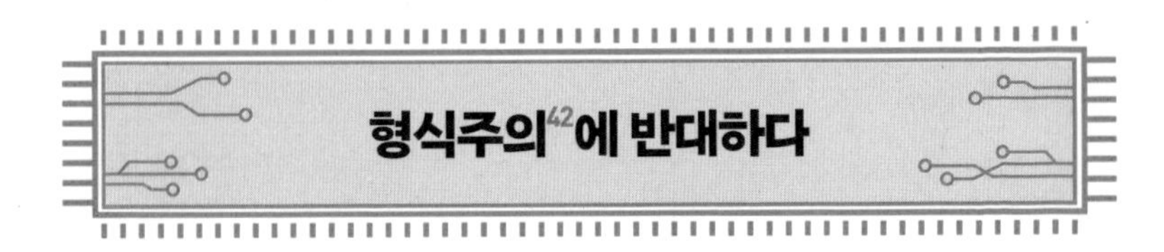

형식주의[42]에 반대하다

비트겐슈타인과 마틴 하이데거Martin Heideger, 1889~1976는 그의 후기 철학에서 의미에 관한 형식주의적 가정을 강하게 반대한다.

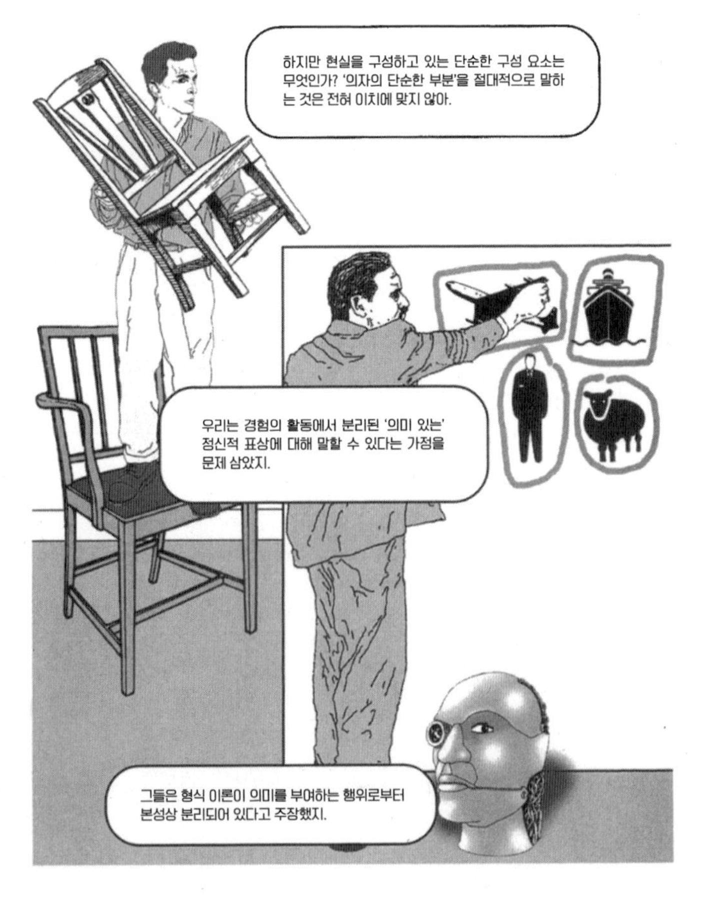

이 대안적인 철학적 관점은 우리는 세계를 명백하게 해석할 수 없으며, 그렇게 하기 위한 어떠한 시도도 우리의 통찰을 극도로 부정확하게 만들 것이라는 것을 암시한다.

육체를 떠난 지능은 없다

이 주장은 인공지능에 대한 가장 중요한 비판 중 하나의 근간을 형성했다. 1970년대에 철학자 휴버트 드레이퍼스Hubert Dreyfus, 1929~2017는 육체를 떠난 인공지능이 가능하다는 가정은 잘못됐다고 선언했다. 드레이퍼스는 고전적인 인공지능은 실패했다고 말했다.

새로운 인공지능

진화, 생물학, 철학에서 나온 주장들은 전통적인 인공지능 연구의 많은 부분에 반대 의사를 표시한다. 그러나 이러한 주장을 실행에 옮기기 위해서는 공학적 원리로 해석될 필요가 있다. 인공지능에 대한 새로운 접근 방식을 특징짓는 세 가지 원칙이 있다.

구체화의 제1원칙

구체화가 어느 정도 중요한지는 여전히 논쟁거리로 남아 있다. 로드니 브룩스는 "지능에는 육체가 필요하다."고까지 말한다. 예를 들어, 로봇 본체의 설계에 따라 로봇 본체가 경험하는 감각 현상이 결정된다.

구체화의 제2원칙

위치성situatedness은 고도로 추상화된 마이크로 월드가 아닌 복잡한 환경에 위치한 에이전트를 말한다. 실제 환경의 복잡성은 추상화된 '마이크로 월드'의 복잡성과 근본적으로 다르다. 실제로, 위치한다는 것은 세계의 구조에 대한 탐사를 허용하고, 내적 재현에 대한 부담을 줄인다.

로드니 브룩스는 이러한 유형의 관계를 '세계란 그 자체가 최고의 모델'이라고 주장함으로써 요약한다.

구체화의 제3원칙

지능 에이전트를 구현한다는 목표를 고려할 때, 인공지능이 자주 채택하는 방법론은 위에서 아래로 구축하는 것이다.

예를 들어, 로드니 브룩스는 곤충과 유사한 기본적인 기계를 만든다. 그의 생각은 우리가 기본적인 것을 먼저 이해해야만 인간의 인지의 복잡성을 이해할 수 있다는 것이다.

행동 기반 로봇 공학

로드니 브룩스는 행동 기반 로봇이라고 알려진 접근 방식을 주도함으로써 새로운 인공지능의 원칙을 모범적으로 실천했다.

상향식 설계를 사용하여 브룩스는 곤충을 닮은 단순한 로봇 생물을 어떻게 만들 수 있을까?

설계 단위로서의 행동

행동은 더 복잡한 행동을 만들기 위한 기본이 된다. 감지-모델-계획-실행 사이클을 출발점으로 하는 기존의 많은 로봇 공학과는 달리 브룩스의 로봇은 자율적이고 병렬로 작동하는 기계 부분품이 들어 있다. 거기에는 중앙 통제 장치가 없다. 이러한 행동은 인식과 행동 사이의 긴밀한 결합을 구현하고, 인식과 행동 사이를 중재하기 위한 인지 프로세스의 사용을 피한다.

징기스 로봇

1980년대에 브룩스와 그의 동료들은 다리가 여섯 개인 징기스를 만들었다. 징기스는 도전적인 환경에서 걷고 인간과 다른 동물들이 내뿜는 적외선을 찾아내도록 설계되었다. 징기스는 두 가지 이유로 성공했다.

징기스는 중앙 통제가 없다. 걷는 방법에 대한 묘사가 그의 구성품 어디에도 없다. "징기스를 위한 소프트웨어는 단일 프로그램으로 구성된 것이 아니라 51개의 작은 병렬 프로그램으로 구성되었다."

설계된 행동

징기스는 계층별로 통제되도록 조직된 수많은 단순한 자율 행동들로 구성되어 있다. 각 계층은 보다 정교하고 통제된 행동으로 정해진다.

징기스의 설계 디자인은 그가 운영해야 하는 지형과 같은 기능이다. 징기스에게 부여진 행동들은 그의 몸체에 부과된 제약에 의해 강하게 영향을 받았다.

에이전트 집합

비록 새로운 인공지능의 원칙이 로봇공학 분야로 가장 직접적으로 전달된다고 하더라도, 그것들은 단지 로봇 분야의 문제에 국한되지 않는다. 에이전트와 해당 환경 간의 상호 작용에 대한 보다 면밀한 처리는 인공지능의 모든 세부 분야에 적용할 수 있다. 브뤼셀 대학의 인공지능 연구실장인 룩 스틸스Luc Steels는 에이전트 집합에서 의미와 통신 시스템의 진화를 함께 조사함으로써 '상향식' 접근법에 또 다른 한 획을 그었다.

토킹 헤드 실험[43]

토킹 헤드 실험의 에이전트는 물리적 로봇과는 독립적으로 존재한다. 에이전트들은 실질적인 장소 여러 곳에 흩어져 있는 컴퓨터 네트워크가 지원하는 가상 환경에 위치한다. 에이전트들이 서로 상호작용을 해야 할 때, 그들은 브뤼셀, 파리, 런던과 같은 실질적 장소에서 로봇 신체로 순간 이동함으로써 일상 세계에 자리를 잡는다.

이들은 카메라와 확성기, 마이크 등으로 구성되어 있다. 토킹 헤드는 필요할 때 가상 에이전트가 사용할 수 있는 로봇 몸체 역할을 한다.

객체 분류

실험의 목적은 에이전트 간의 상호작용의 결과로 공유 언어가 어떻게 나타날 수 있는지 조사하는 것이다. 결정적으로, 실험의 어느 곳에도 언어가 정의되어 있지 않다; 그것은 에이전트들 사이의 상호작용의 결과로 발전한다. 백지상태에서 시작하여, 에이전트는 그들 자신의 '온톨로지' 즉 세상에 존재한다는 감각을 스스로 개발하여 현실 세계에서 사물을 식별하고 구별할 수 있게 한다.

이름붙이기 게임

스틸스의 에이전트는 언어 게임을 하면서 상호작용한다. 언어 게임은 두 개의 서로 다른 에이전트를 선택한 다음 동일한 물리적 위치로 순간 이동 시킬 때 시작할 수 있다. 두 개의 개별 로봇 본체에 앉은 두 에이전트는 동일한 장면을 다른 위치에서 본다. 각 장면은 화이트보드에 여러 가지 색상으로 구성되어 있다.

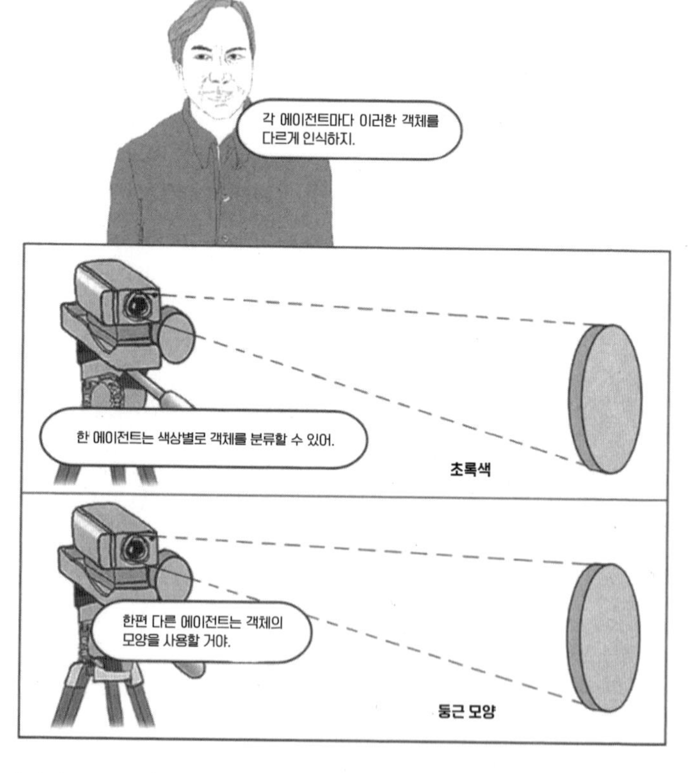

에이전트는 항상 약간 다른 위치를 차지하고 있기 때문에 다른 개념의 세계에 도달한다. 그리고 평생 동안 다른 객체에 집중한다. 이러한 이유로 에이전트는 자체 온톨로지를 개발한다.

객체 분류

일단 에이전트가 노출되는 장면에서 물체를 분류할 수 있으면 언어 게임을 시작한다. 두 에이전트는 먼저 그들이 보고 있는 장면의 일부인 맥락에 동의한다. 에이전트 중 하나는 맥락에서 개체 중 하나를 식별하는 발언을 형성하여 다른 에이전트와 대화한다.

피드백 과정

그 다음으로 듣는 에이전트는 다른 에이전트가 말한 vivebo가 무엇을 의미하는지 이해하려고 노력하며 그것이 무엇이라고 생각하는지 말한다.

이러한 방식으로 에이전트가 세계에 존재하는 개체를 알아내기 위해 사용하는 신호 세트는 언어 게임을 통해 얻은 피드백에 따라 강화되거나 수정된다.

인지 로봇의 자기조직화[44]

토킹 헤드 실험의 핵심적인 통찰력은 에이전트들이 그들이 보는 세계를 분류하는 그들 자신의 개인적이고 내적인 방법을 개발한다는 것이다. 동시에, 외부와 의사소통을 통해 공유 어휘를 협상한다. 서로 다른 에이전트가 동일한 객체에 대해 이야기하고 있을 수 있지만, 서로 다르게 개념화하면서도 동시에 단어를 공유할 수 있다. 스틸의 실험은 일상 세계에 기반을 둔 의사소통 시스템이 에이전트 간의 상호 작용을 통해 어떻게 나타날 수 있는지를 보여주지만, 이들 중 어느 것에서도 정의되지는 않는다.

미래

인공지능 실무자들은 종종 과감한 예측을 한다.

지금까지 기계가 인간의 지능에 접근하는 것이 가능하다는 것을 암시하는 증거가 거의 없다는 사실에 비추어 볼 때 이러한 주장은 시기상조이다. 과학자들은 그들이 은퇴할 즈음에 돌파구가 열릴 것이라고 예측하는 습관이 있다. 따라서 가까운 미래에 인공지능이 목표에 도달한다는 주장을 진지하게 받아들이기는 어렵다.

가까운 미래

> **"대부분은 예상하지 못했던 컴퓨터의 폭발적인 증가가 주류가 된 것과는 완전히 대조적으로, 로봇 공학에 대한 모든 노력은 1950년대에 했던 예측에 부응하는 데 완전히 실패했다."**
>
> – 한스 모라벡

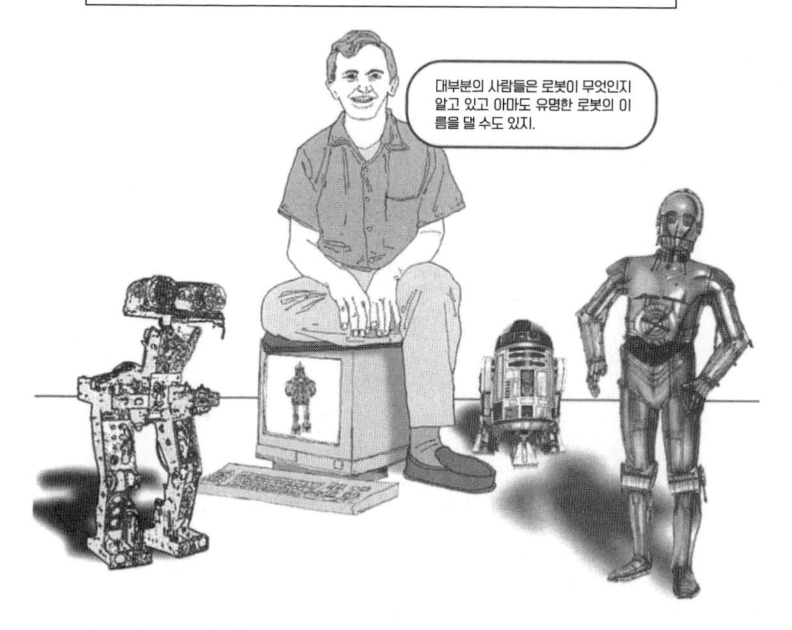

그러나 예를 들어 자동차 제조 산업에 널리 퍼져 있는 산업용 로봇 외에, 로봇은 연구실 밖에서 거의 볼 수 없다. 유용한 로봇들을 현실화하는 데는 실패했다.

하지만 로봇이 연구소를 떠나 일상 세계로 이동하면서 더 널리 퍼지기 시작할 것이라는 증거가 있다.

소니 드림 로봇

2002년 초, 소니사는 휴머노이드 로봇의 원형인 소니 드림 로봇SDR의 개발을 발표했다. SDR의 기능은 두 발로 걷는 다른 어떤 로봇보다 훨씬 뛰어났다.

걸어다니는 로봇은 집에서 거주할 수 있고 더 흔한 바퀴 달린 로봇이 도달할 수 없는 곳에서 집안일을 할 수 있다.

노래하고 춤추고

SDR이 인상적인 점은 견고함이다. 보행 로봇은 이전에 개발된 적이 있지만 제한된 행동 패턴만 수행할 수 있어서 제약이 많았으며 대부분 인간이 원격 제어하는 대상이 되었다.

SDR은 엔터테인먼트 시장을 겨냥한 것이다. SDR은 걸어다니는 것 외에도 노래하고 춤추고 얼굴과 목소리를 인식할 수 있다.

소니의 목표는 SDR이 감정적 유대감을 형성함으로써 소유주들과 상호작용하는 것이다.

> "SDR-4X는 개인과 사물을 일시적으로 암기하는 기능인 단기 기억 외에 사람과 보다 심도 있는 소통을 통해 얼굴과 이름을 암기하는 장기 기억 기능을 탑재했다. 의사소통 경험을 바탕으로 한 감정 정보는 장기 기억장치에 저장될 것이다. SDR-4X는 장단기 메모리를 모두 활용함으로써 더욱 복잡해진 대화와 성능을 실현한다." - 소니상사 보도자료

SDR은 심각한 로봇이다

소니의 드림 로봇은 매우 인상적이지만, 기계를 만들어 인지능력을 이해하려는 인공지능의 목표를 정말로 달성할 수 있을까? SDR과 같은 프로젝트의 중요한 결과 중 하나는 다른 인공지능 기술을 탐색할 수 있는 플랫폼을 제공한다는 것이다. 브룩스의 "지능은 신체를 필요로 한다."는 격언을 인용하면 기존 신체를 이용할 수 있다는 것이 매우 유용할 수 있다.

미래 가능성

충분한 능력을 가진 널리 이용 가능한 기계의 예상 가능성에 기초하여, 잘 알려진 로봇학자 한스 모라벡은 4세대 로봇을 상세하게 예측했다. 인공지능의 일부 실무자들은 이러한 예측이 단지 공상 과학 소설에 지나지 않는다고 보는 것을 강조하는 것이 중요하며, 아직까지는 그것들이 아주 미약하게 일어날 가능성이 있다는 것을 주장하는 증거는 거의 없다.

모라벡은 4세대의 유니버설 로봇들을 상상하는데, 이 로봇들은 오늘날의 데스크톱 컴퓨터처럼 보편적으로 사용할 수 있게 될 것이기 때문이다. 일단 로봇이 유용하고 저렴해지면, 모라벡은 로봇들이 컴퓨터보다 훨씬 더 널리 보급될 것이라고 예측한다. 로봇은 컴퓨터보다 더 용도가 많다.

모라벡의 예측

1세대

2010년까지 3,000 MIPS[46]가 가능한 기계로 제작된 로봇이 보편적으로 보급될 것이다. 이 로봇들은 도마뱀 정도의 지능을 갖고 휴머노이드 몸체에 결합될 것이다.

2세대

2020년까지 컴퓨팅 성능은 100,000 MIPS로 향상되어 쥐 정도의 지능을 확보할 수 있을 것이다.

3세대

2030년까지 컴퓨팅 파워는 3백만 MIPS에 이를 것이다. 이런 종류의 기계를 모라벡은 원숭이 정도의 지능이라고 부른다.

4세대

2040년에는 1억 MIPS가 가능한 기계로 인간 수준의 지능이 우리에게 나타날 것이다.

사실인가 허구인가? 모라벡의 예측은 매우 대담하고 많은 사람들이 그의 의견에 동의하지 않을 것이다. 인공지능의 발전은 더 발전된 컴퓨터 기계를 만드는 과정에서 이루어진 진보에 계속해서 미치지 못하고 있다. 이러한 이유로, 모라벡의 주장은 완전히 모범적인 시나리오로 받아들여져야 한다.

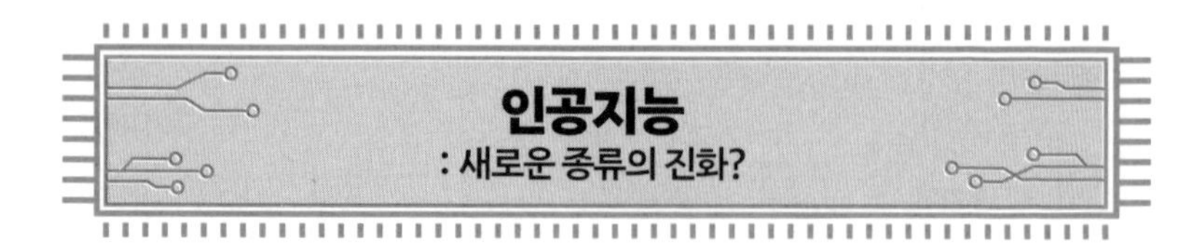

인공지능
: 새로운 종류의 진화?

만약 강한 인공지능이 가능하다고 가정하고, 저명한 과학자의 예측을 믿는다면, 새로운 종류의 진화가 일어날 것이다. 생물학적 자손을 낳는 대신, 우리는 한스 모라벡이 말하는 우리보다 우수한 공학적인 존재인 소위 '마음의 아이들mind-children'[47]을 생산하기 시작할 것이다.

정보는 두 가지 형태의 진화에 의해 세대에서 세대로 전달된다.

생물학적·문화적 진화는 모두 정보가 세대에서 세대로 지속되도록 한다.

우리 자신의 후손을 공학기술로 만들면, 인공지능이 우리 종족을 라마르크식 진화로 인도할 수 있다고 대부분의 사람들이 제안했다. 다윈의 자연 선택에 의한 진화 이론과는 대조적으로, 라마르크는 진화가 우리의 일생 동안의 특성을 미래 세대에 전달하도록 허용한다고 제안했다.

생물학 없는 진화

우리의 자손을 공학기술로 만드는 방식으로 우리는 그들의 설계도를 바꿀 수 있다. 우리 자신을 재생산할 수 있는 습득된 능력은 우리의 진화에 영향을 줄 것이다. 이러한 방식으로, 진화의 속도는 증가한다.

"진화 과정은 더 많은 진화를 위한 자체적인 방법에 따라 구축되기 때문에 가속화된다. 인간은 진화를 앞질렀다. 우리는 우리를 창조한 진화 과정에 소요된 시간보다 훨씬 더 짧은 시간에 지적 실체를 창조하고 있다." - 레이 커즈와일

"과거 우리는 스스로를 진화의 최종 산물로 보는 경향이 있었지만, 우리의 진화는 멈추지 않았다. 사실, 우리는 이제 좀 더 빠르게 진화하고 있다. 창조적인 '비자연적 선택'[48]을 기반으로 말이죠." - 마빈 민스키

인간을 단순한 기계로 만들려는 인공지능의 목표가 성공한다면 우리는 더 이상 유기체적 기계의 제약을 받지 않을 것이다. 인간과 가장 넓은 의미에서 지능을 가진 기계는, 이론적으로 생물학적 진화의 제약을 벗어나 진화할 수 있다.

예측

많은 사람들은 모라벡의 인공지능의 미래에 대한 견해가 가능할 것 같지 않다고 주장한다. 그가 주장하는 범용 로봇이 등장하는 시기는 특히 파격적이다. 이 책의 앞부분에서 인공지능의 역사는 로봇공학 연구와 인지능력에 대한 일반적인 질문에 관한 연구라는 두 개의 연구 관점으로부터 발전되어 왔다고 서술했다.

이미 보급형 진공 청소기 로봇이 시장에 나왔다. 로봇공학은 학문적인 실험실에서 글로벌 산업의 세계로 나아가고 있다. 이러한 움직임은 실질적인 진보를 약속한다. 소니 드림 로봇처럼 발전된 공학 프로젝트가 학문적 환경에서 개발되었을 가능성은 거의 없다.

기계화된 인지

기계에 인지능력을 부여하는 것은 완전히 다른 문제이며 여전히 어려운 문제로 남아있다. 대다수의 인공지능 전문가들은 전통적이고 연결주의적인 방식으로 인공지능을 탐구하는 경향이 있다.

새로운 인공지능에 대한 통찰력 없이는 어디에서 돌파구가 나타날지 알기 어렵다.

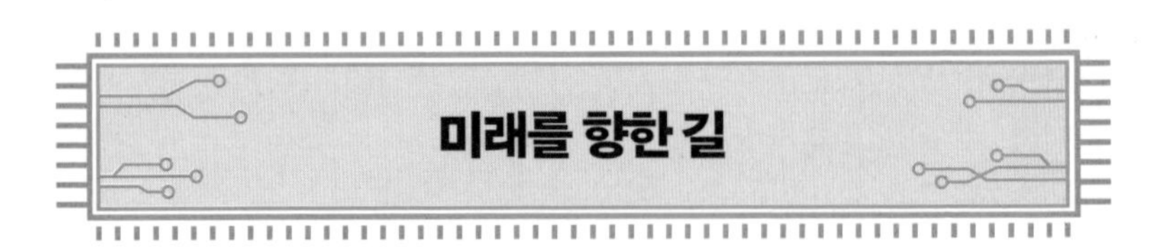

만약 새로운 인공지능을 정의하는 원칙이 통찰력 있는 것으로 증명된다면, 인공지능은 인간과 동물이 다루는 현상을 반영하는 훨씬 더 풍부한 환경에서 에이전트를 필요로 할 것이다. 인공지능은 에이전트 안에서 인지 문제를 탐구한다. 동시에 진화가 이미 그 문제를 해결했다는 것을 인정하는데 대체로 실패했다.

전통적으로 인공지능은 에이전트와 환경 사이의 상호작용의 중요성을 인식하는데 실패했다.

대부분의 인공지능 전문가들은 이러한 상호작용이 핵심적인 것임을 믿기 시작했다. 이 아이디어가 한계에 도달하기 위해서는 인공지능이 로봇공학이나 더 많은 정보를 가진 마이크로 월드와 협력해야 한다. 지금까지 인공지능은 환경적 복합성을 부차적인 문제로 다루어 왔다. 마이크로 월드도 추측으로만 설계되었다.

추천도서

인공지능에 대한 입문 소개서로, 다음의 책들은 평판이 좋고 내용이 훌륭하다. Pfeifer와 Schieer의 책은 인공지능의 주요 이슈에 대한 최신 정보를 제공한다.

- Rolf Pfeifer and Christian Scheier, Understanding Intelligence Cambridge, MA: MIT Press, 2001.
- Roger Penrose, The Emperor's New Mind: Concerning Computers, Minds, and the Law of Physics Oxford: Oxford University Press, 1989.

다음 두 권의 논문 모음집은 주요 철학적인 문제들 중 일부에 접근할 수 있는 길을 제공한다.

- Douglas R. Hofstadler and Daniel C. Dennett, The Mind's I: Fantasies and Reflections on Self and Soul New York, NY: Basic Books, 1981.
- John Haugeland ed., Mind Design II: Philosophy, Psychology, and Artificial Intelligence Cambridge, MA: MIT Press, 1997.

다음 두 권의 책은 컴퓨터 프로그래밍의 관점에서 인공지능에 관심이 있는 사람들을 위한 훌륭한 인공지능 소개서다. 이 책들은 인공지능의 기술적 토대를 다룬다.

- Stuart Russel and Peter Norvig, Artificial Intelligence: A Modern Approach Harlow: Prentice Hall, 1994.
- Nils J. Nilsson, Artificial Intelligence: A New Synthesis San Francisco, CA: Morgan Kaufman, 1998.

다음 두 권의 책은 저명한 로봇학자들이 쓴 것으로 일반 독자를 대상으로 한다. 로봇 공학에 관심이 있는 사람들에게 이 책들은 좋은 입문서가 될 것이다.

- Rodney Brooks, Robot: The Future of Flesh and Machines London: Penguin, 2002.
- HAns Moravec, Robot: The Mere Machine to Transcendent Mind Oxford: Oxford University Press, 1999.

미주

1 **휴머노이드 로봇(humanoid robot):** 외형이 인간의 모습과 닮은 로봇을 말한다(두산백과).

2 **머신 비전 시스템(machine vision system):** 고성능 카메라를 이용, 영상을 처리하고 분석하는 시스템. 즉 기계가 인간을 대신해서 시각과 판단 기능을 한다(매일경제용어사전).

3 저자는 이를 'holy grail'(성배)로 표현

4 **에이전트(Agent):** 특정 목표를 달성하기 위해 현재의 환경을 인식하고 행동함으로써 문제를 해결하는 주체를 말한다(컴퓨터인터넷IT용어대사전).

5 **강한 인공지능(Strong AI):** 사람처럼 어떤 상황에서도 판단하고 처리하는 인공지능을 말한다. 이에 비해 약한 인공지능(Weak AI)은 특정한 업무만 처리할 수 있는 인공지능을 말한다.

6 트랜스휴머니즘(transhumanism)이란 과학기술을 이용하여 인간의 신체적, 정신적 능력을 개선할 수 있다고 믿는 신념 혹은 운동(시사상식사전, 박문각).

7 더글러스 르낫(Doug Lenat, 1950~)은 미국 Cycorp, Inc.의 CEO이며 인공지능 분야의 저명한 연구원이다. 에드워드 파이겐바움(Edward Feigenbaum, 1936~)은 미국의 컴퓨터 과학자로 1994년 ACM Turing Award를 공동 수상했다(위키피디아).

8 **엑스트로피아니즘(Extropianism):** 과학과 기술의 발전이 언젠가는 사람들을 무기한으로 살게 할 것이라고 믿는다(위키피디아).

9 원문은 "Certum Quod factum"로 라틴어.

10 잠바티스타 비코(Gaimbattista Vico)는 이탈리아의 철학자이다. 역사철학의 기초를 닦았다. 별명을 조반니 바티스타라고 한다.

11 정신 과정(mental process)은 개인이 정보를 처리하는 과정을 일컫는 말이다. 인지, 지각, 감정 등이 포함되어 있다(위키백과).

12 **행동주의(Behaviourism):** 행동주의는 관찰과 예측이 가능한 행동들을 통해 인간이나 동물의 심리를 객관적으로 연구할 수 있다고 보는 심리학 이론이다.

13 **인지심리학(cognitive psychology):** 인간의 여러 가지 고차원적 정신과정의 성질과 작용 방식의 해명을 목표로 하는 과학적·기초적 심리학의 한 분야이다. 인간이 지식을 획득하는 방법, 획득한 지식을 구조화하여 축적하는 메커니즘을 주된 연구 대상으로 한다. 인공지능·언어학과 함께 최근의 새로운 학제적 기초과학인 인지과학의 주요한 분야를 이룬다(두산백과).

14 **허버트 사이먼(Herbert Simon):** 제한된 상황에서의 의사 결정 모델에 관한 이론으로 1978년 노벨 경제학상을 수상한 미국의 심리학자, 경제학자 및 인지과학자다(위키백과).

15 **인지과학(cognitive science):** 인간의 마음에서 정보 처리 과정이 어떻게 이루어지는가에 대해 다양한 분야의 학제 간 연결을 통해 통합적으로 연구하는 분야이다(심리학용어사전),

16 **심신 문제(Mind-Body Problem):** 마음과 신체가 밀접한 관계에 있다는 것은 일상생활에서 경험으로 알고 있는 사실이며, 이 둘 간의 관계를 어떻게 이해하는가는 철학적 논쟁의 대상이었다. 상호작용설, 병행론, 수반현상설, 경험비판론, 변증법적 유물론 등이 이와 관련된 학설이다(네이버 철학사전).

17 **온톨로지(ontology):** 사물의 본질, 존재의 근본 원리를 사유나 직관에 의하여 탐구하는 형이상학의 한 분야로 실재에 대한 정확한 이해를 추구하는 철학. 인공지능에서는 존재하는 사물과 사물 간의 관계 및

여러 개념을 컴퓨터가 처리할 수 있는 형태로 표현하는 것을 말한다(정보통신용어사전).

18 **해석학(Hermeneutics):** 해석에 관한 이론과 방법론으로 분야에 있는 텍스트를 해석하는 학문을 의미. 현대 해석학은 기록된 텍스트와 관련된 문제만을 포함하지 않고, 해석하는 과정에 있는 모든 것들을 포함한다(위키피디아).

19 **시뮬레이션(Simulation):** 실제의 상황을 간단하게 축소한 모형을 통해서 실험을 하고 그 실험결과에 따라 행동이나 의사결정을 하는 기법을 말한다(정보통신용어사전),

20 **앨런 뉴얼(Allen Newell, 1927~1992):** 초기의 인공지능 연구자이다. 컴퓨터 과학 및 인지심리학의 연구자이며, 랜드 연구소와 카네기멜론 대학교의 컴퓨터 과학과 비즈니스 스쿨에서 근무했다(위키피아).

21 **아서 레버(A.S. Reber, 1940 ~):** 미국의 인지 심리학자로 미국과학발전협회, 심리과학협회 및 풀 브라이트 연구원의 연구원이다(위키피디아).

22 **사이버네틱스(Cybernetics):** 인공두뇌학으로도 불리는데 일반적으로 생명체, 기계, 조직과 또 이들의 조합을 통해 통신과 제어를 연구하는 학문이다(위키피디아).

23 **기능주의(functionalism):** 기능주의는 의식 또는 심적 활동을 환경에 대한 적응 기능이라는 측면에서 연구하여야 한다는 입장을 말한다. 기능주의는 심신 문제(mind-body problem)에 답을 얻기 위한 노력이 논리적 행동주의자들에 의해 성공하지 못하였기 때문에 개발된 철학 용어이다(위키피디아).

24 **다중실현 가능성(Multiple realizability):** 마음의 철학에서 다중실현 가능성은 동일한 정신 속성, 상태 또는 이벤트가 다른 물리적 속성, 상태 또는 이벤트에 의해 구현될 수 있다는 이론(위키피디아).

25 **존 해걸랜드(John Haugeland, 1945~2010):** 철학, 인지 과학, 현상학 및 하이데거(Heidegger)를 전문으로 하는 철학 교수(위키피디타).

26 **존 설(John Searle, 1932~):** 언어철학과 심리철학을 전문으로 하는 철학자이다. 캘리포니아 대학교 버클리 교수로 재직했다(위키피디아).

27 **중국어 방(chinese room):** 중국어 방 혹은 중국인 방은 존 설이 튜링 테스트로 기계의 인공지능 여부를 판정할 수 없다는 것을 논증하기 위해 고안한 사고실험이다

28 **창발성(emergent property 또는 emergence):** 하위 계층(구성 요소)에는 없는 특성이나 행동이 상위 계층(전체 구조)에서 자발적으로 돌연히 출현하는 현상이다. 자기조직화 현상, 복잡계 과학과 관련이 깊다(위키피디아).

29 **자기조직화(self-organization):** 복잡성 과학의 이론을 토대로 출현한 이론이다. 시스템의 구조가 외부로부터의 압력이나 관련이 없이 스스로 혁신적인 방법으로 조직을 꾸려나가는 것을 말한다. 즉, 한 시스템 안에 있는 수많은 요소들이 얼기설기 얽혀 상호관계나 복잡한 관계를 통하여 끊임없이 재구성하고 환경에 적응해 나간다(위키피디아).

30 **기능주의(functionalism):** 온갖 현상을 끊임없는 생성소멸의 과정으로 이해할 것을 강조한 19세기 말에 대두한 과학방법론. 실체의 개념을 배척하고 요소 간의 상호작용이라는 견지에서 대상을 기능적으로 파악한다는 입장(두산백과).

31 **이원론(dualism):** 한 체계 안에 본질적인 두 상태 혹은 두 부분이 있고, 이 요소들은 서로 독립적이기에 다른 것으로 환원되지 않는다고 주장하는 철학적 입장(두산백과).

32 양자 중력 이론은 중력을 양자역학적으로 묘사하려고 하는 이론물리학 분야로, 양자 효과가 무시될 수 없는 플랑크 길이의 공간이나 블랙홀과 같은 중력이 매우 큰 천체에 적용된다. 양자역학의 원리와 일반

상대성이론을 조화시키기 위해 양자 중력 이론이 필요하다(위키피디아).

33 **미세소관(microtubule):** 식물 혹은 동물의 세포 내에 존재하는 기관으로서 세포의 골격 유지, 세포의 이동, 세포 내 물질의 이동 등에 필요한 기관이다(두산백과).

34 **지향성(intentionality):** 의식은 언제나 어떤 것에 관한 의식이며, 그 의식의 특성을 뜻한다. 현상학(phenomenology)의 중요한 용어이기도 하다(두산백과).

35 **체커(checkers):** 체커는 체스판에 말을 놓고 움직여, 상대방의 말을 모두 따먹으면 이기는 게임이다. 10x10 판에서 하는 국제 룰과 8x8 판에서 하는 영미식 룰이 가장 보편적이며, 지역에 따라 다양한 규칙이 존재한다. draughts로 부르기도 한다(위키백과).

36 **틱택토(tic-tacOtoe):** 3목두기(noughts and crosses)라고도 부르는데, 두 사람이 9개의 칸 속에 번갈아 가며 O나 X를 그려 나가는 게임. 연달아 3개의 O나 X를 먼저 그리는 사람이 이긴다.

37 홉스의 《리바이어던》에 나오는 용어로 'parcels'로 표현하고 있다. 홉스의 인식론은 유물론으로 외부의 자극에 의해서 우리의 지식이 형성된다고 보았다. 홉스는 주어진 어떤 것 즉 '꾸러미'를 빼나가면 어떤 근본원리에 도달하고 더해나가면 추상적인 종합에 다다른다고 보았다.

38 shakey는 영어로 '흔들리는'이라는 뜻이다.

39 **연결주의(connectionism):** 인공 신경망을 사용하여 마음 현상 또는 심리적 기제를 과학적 절차에서 보다 구체적으로 구현하는, 인지 과학 분야의 접근법. 병렬분산처리(PDP,parallel distributed processing) 또는 연결주의모델(connectionism model)로 표현하기도 한다(위키백과).

40 1984년 시작된 이 프로젝트는 세상이 동작하는 방법에 대한 기초적인 개념과 규칙을 아우르는 종합적인 온톨로지와 지식 베이스를 조합하는 것을 목표로 하는 장기간의 인공지능 프로젝트이다. 상식적 지식의 포착을 희망하면서 다른 인공지능 플랫폼이 염두에 둘 수 있는 암묵적 지식에 초점을 둔다(위키피디아).

41 형식적 기초 요소(formal primitives)는 다른 말로 대체될 수 없는 경험의 원초적인 사실들이 있다는 의미.

42 **형식주의(formalism):** 형식이라든가 절차를 본질적인 것으로 보고 중시하는 입장으로 칸트의 윤리설이 대표적이다. 칸트는 도덕의 근본원칙은 보편적 입법이라는 형식에 있다고 했다(위키백과).

43 **토킹 헤드(Talking Heads) 실험:** 1999~2001년에 실시된 이 실험은 실제 세계에 대한 언어 게임을 통해 새로운 공유 어휘를 만든 최초의 대규모 실험이다. 인간은 현장에서 또는 인터넷으로 로봇 에이전트와 상호작용을 하면서 에이전트 기반 언어 진화 모델을 규명한다(Luc L. Steels, The Talking Heads experiment: Origins of words and meanings, Language Science Press, 2015).

44 **자기조직화(Self-Organization):** 복잡성 과학의 이론을 토대로 하여 출현한 이론이다. 행정 시스템적 관점에서 자기조직화란 시스템의 구조가 외부로부터의 압력이나 관련이 없이 스스로 혁신적인 방법으로 조직을 꾸려나가는 것을 말한다(위키백과).

45 레이 커즈와일(1948~)은 미국의 작가, 컴퓨터 과학자, 발명가이자 미래학자이다. 이 외에도 그는 광학 문자 인식, 음성 인식 기술, 전자 키보드 악기와 같은 분야들에도 관여했다(위키백과).

46 **MIPS(million instructions per second):** 컴퓨터 처리 속도의 단위로 초당 백만 개의 명령을 처리 할수 있음을 의미한다.

47 **마음의 아이들(mind-children):** 한스 모라벡이 1988년 펴낸 책의 제목이기도 한 마음의 아이들이란 고도의 지능을 가진 로봇이 인류의 자산인 지식, 문화, 가치관을 물려받아 다음 세대로 넘겨준다는 의미에

서 마음의 아이들이라 칭했다. 즉 혈육이 아니라 사람의 마음을 물려받은 기계가 인류의 유산을 계승받기 때문에 로봇을 마음의 아이들이라 부른다.

48 **비자연적 선택(unnatural selection):** 자연선택(Natural selection)이란 특수한 환경 하에서 생존에 적합한 형질을 지닌 개체군이, 생존에 부적합한 형질을 지닌 개체군에 비해 '생존'과 '번식'에서 이익을 본다는 이론이다. 자연도태라고도 하는 이 이론은 진화 메커니즘의 핵심이다(위키백과) 공학으로 설계된 로봇은 이러한 자연선택과는 다른 진화과정을 갖는다는 의미에서 이렇게 표현했다.

인공지능 아는 척하기

초판 1쇄 인쇄 2021년 12월 20일
초판 1쇄 발행 2021년 12월 27일

지은이 헨리 브라이튼
그린이 하워드 셀리나
옮긴이 정용찬

펴낸이 박세현
펴낸곳 팬덤북스

기획 편집 윤수진 김상희
디자인 이새봄
마케팅 전창열

주소 (우)14557 경기도 부천시 조마루로 385번길 92 부천테크노밸리유1센터 1110호

전화 070-8821-4312 | **팩스** 02-6008-4318
이메일 fandombooks@naver.com
블로그 http://blog.naver.com/fandombooks

출판등록 2009년 7월 9일(제386-251002009000081호)

ISBN 979-11-6169-182-4 (03420)